welcome TO

U0215572

童话中的生态学

——小狐狸菲克的故事

小鹿妈妈　著

安　阳　绘

中国林业出版社

图书在版编目（CIP）数据

童话中的生态学 ：小狐狸菲克的故事 ／ 小鹿妈妈著；安阳绘． ——
北京 ：中国林业出版社，2019.4
ISBN 978-7-5219-0036-1

Ⅰ．①童… Ⅱ．①小… ②安… Ⅲ．①生态学－少儿读物 Ⅳ．
① Q14-49

中国版本图书馆 CIP 数据核字（2019）第 068486 号

中国林业出版社·自然保护分社（国家公园分社）
策划、责任编辑　肖　静

出　版　中国林业出版社
　　　　　（100009　北京市西城区德胜门内大街刘海胡同 7 号）
网　址　www.forestry.gov.cn/lycb.html
发　行　中国林业出版社
印　刷　固安县京平诚乾印刷有限公司
版　次　2019 年 4 月第 1 版
印　次　2019 年 4 月第 1 次
开　本　787mm×1092mm　1/20
印　张　8.2
字　数　91 千字
定　价　39.00 元

童话中的生态学

——小狐狸菲克的故事

大家好，我是爱吃饺子的狐狸爸爸麦克斯。我是我太太和孩子温暖的依靠。

大家好，我是狐狸妈妈爱蜜莉，热爱吃火锅和图书。我爱我的老公和崽。

哈嗨，我是小兔子阿宝，你们也可以叫我兔宝。我喜欢有胡萝卜的地方。

嗨，大家好！我是小鹿斑斑，你们也可以叫我林中小鹿或者阿斑。

嗨，我叫小狐狸菲克。长大后，我希望我能成为一名生态学教授。

写在最前面

　　小朋友们，大家好！自我介绍一下，我叫生态学，是你们的新朋友！

　　很多小朋友没有听过我的名字，但是大家一定听过"生态"这个词，这个词语可是常常出现在各类新闻报告中哦："生态环境""生态系统""生态平衡""生态文明""生态农业"……这些词语是我在各行各业的影子或灵魂。

　　这本书——《童话中的生态学——小狐狸菲克的故事》，可以算是我的一个"掠影"。希望大家能认识我、熟悉我、理解我，最终跟我一起运用生态学的知识，更好地认识和保护我们这个美丽而唯一的地球家园！

　　那么，请先翻开下一页，看看我的自我介绍吧！

我叫生态学，英文名是Ecology。爸妈给我取这个名，是希望我能帮助大家解释清楚不同物种之间有什么关系，还有不同物种与它们的环境之间又有什么关系。我就像许多便利贴，上面由生态学家书写科学的解释，然后贴满整个世界的每一寸角落。

我的妈妈是生物学，她总是爱告诉大家某个植物或动物是什么名字，有什么亲属，产地哪里，在漫长的进化过程中发生过哪些外观或基因方面的改变。我的妈妈处事严谨，当你说错一个物种的名字时，她会第一时间帮你指出错误；同时她也很热爱生活，她喜欢制作标本，喜欢用显微镜观察微观的世界。如果你们相逢了，她会给你推荐世上最美的花朵、最甜的水果、最奇幻的小动物。

我的爸爸是地理学，他很开朗、豪放。你应该听说过《国家地理》和《中国国家地理》，那是讲述我爸爸和他各路兄弟生活的一系列杂志。

我爸爸喜欢背着单反相机,带着放大镜、地质锤、全球定位系统（GPS）、指南针（或者罗盘）等装备，潇洒地走南闯北。

　　我的孩子们——植物生态学、动物生态学、微生物生态学，草地生态学、森林生态学、海洋生态学，数学生态学、化学生态学、分子生态学，行为生态学、种群生态学、群落生态学、生态系统生态学、景观生态学……哎呀，憋死我了，一口气根本说不完！

　　你是不是想问：“你为什么有这么多孩子啊？”

　　那是因为，我可以解释世界上太多太多领域的现象了。当我要去研究不同物种时，我就需要植物、动物、微生物等领域的儿女们前去工作；当我要分析草地、森林、海洋、荒漠等不同生态系统时，我就派出对应头衔的孩子们来解释；如果数学家、化学家、分子生物学家们需要我的帮忙，我也可以派孩子们与他们沟通，用我的视角来解释他们工作中的问题；如果要我更加详细、充分地解释这个世界，我就需要从小范围（我们说"小尺度"）的种群开始，逐步扩大我的研究范围，直至很大尺度的景观、生态系统。

我是不是很伟大？哈哈哈。

不过，总体来说，我作为一个科学家，习惯用理论来描述世界。近些年来，政府部门常常提到我，希望我来帮助他们更好地管理社会。但是，我还并不是一门很成熟的学科，我跟各位小朋友一样需要不断成长，需要不断地挖掘对世界的认知。

小朋友们，你们愿意跟我一起去探索这个世界吗？

好，那么我就开始讲故事咯！

这本书的主角是一只叫菲克的小狐狸，他的爸爸妈妈在研究生阶段都是学生态学专业的。小狐狸菲克有很多好朋友，比如，小兔子阿宝、小鹿斑斑……

目　录

写在最前面

写在最后

我的玫瑰花种子在睡觉？
——生态因子

小狐狸菲克一大早就开始嚷嚷啦："谁动了我的种子？我要种玫瑰花的！"

妈妈正忙着准备早餐的三明治和牛奶，没空回答他；爸爸对着镜子认真地打领带，也没理小狐狸菲克。

小狐狸菲克真的很着急。那包种子是去年小兔子阿宝送自己的，据说可以种出来非常美丽的玫瑰花。昨天他俩约好今天去花园找块空地种下，可是现在小狐狸菲克找不到种子了。

小狐狸菲克赶紧给小兔子阿宝打电话，告诉他找不到种子了。小兔子阿宝听了之后也开始犯寻思。这时，小狐狸菲克的妈妈提醒说："菲克你怎么忘了，今年秋天你们不就已经把种子种在花园里了吗？"

"是吗？快去看看！"小狐狸菲克和小兔子阿宝连早饭也顾不上吃，分别从家里往花园跑。可是到了一看，那片土地还是光秃秃的，什么也没有。倒是旁边温室大棚里，各种花朵开得非常鲜艳。

小狐狸菲克和小兔子阿宝跑去大棚看美丽的花朵，顺便问问大棚管理员鹿阿姨为什么自己的种子长不出来这么美丽的花。

鹿阿姨笑道："这个问题涉及很多方面。你们的种子没有长出小苗，是因为现在是冬季，种子还处于休眠中；而我的花朵之所以可以在这个季节开放，是因为有大棚提供温度——既然这个季节的大环境不适合植物的生长，那么就需要创造一个小环境来提供适合植物生长的条件。

植物生长需要很多条件，我们称之为'生态因子'（ecological factors）。比如，要有充足的太阳光照，温度要适宜，土壤中要有水分、养分，附近不能出现危险有害的植物、动物、微生物，并保证环境处于安稳的状态。这些生态因子有的很厉害，可以影响到植物的数量，有的作用很微小，只有科学家才能观测出来；生态因子有的常年不怎么变化，有的会经常发生数量或成分的改变。"

小狐狸菲克问："植物会受到这么多生态因子的影响啊！那么，这些生态因子都是怎么起作用的呢？"

鹿阿姨回答："对植物来说，总有一个或几个最重要的生态因子，我们称之为'主导因子'，比如，太阳光照、水分、温度等。太阳可以促进植物的光合作用，让它们"吃饱饭"；水分可以如血液一般，服务植物全身物质的新陈代谢；温度则直接决定了植物的生长环境是否适宜。生态因子对植物的影响也不是分别产生作用的，而是大家一起发挥作用，并且有的因子发挥作用很快，有的因子需要一段时间才能呈现效果——就像你吃饭，不能只吃白饭或者蔬菜，而要讲究饮食均衡；又如，你不呼吸，几分钟内就会死去，但是不吃饭，倒也能坚持几天才会死去。"

小兔子阿宝追问："如果我没有您这样的大棚，还有别的方法让种子在冬天萌发吗？"

鹿阿姨回答："生态因子还有个特点，就是不能被替代，也就是说，如果环境温度太低，就只能提高温度；如果土壤缺乏肥料，就一定需要施肥，补充急需的养分；如果植物口渴，就一定得喝水。不过，如果单纯因为太阳光不充足而影响了植物的光合作用，这时你也可以通过补充一些二氧化碳来提高植物的光合作用，这叫生态因子的补偿性作用——就好像你成长需要吃饱，但是家里没有足够的米面，你只好多吃些蔬菜。

最后，我想告诉你们，植物跟动物在很多方面是相似的，动物也有影响它们的生态因子。"

小狐狸菲克和小兔子阿宝听得很入迷，觉得学到了很多知识。他们还想继续问别的问题，但是妈妈来叫他们吃饭了。一会儿还要去上学呢！

那么，小狐狸菲克和小兔子阿宝的玫瑰花种子，就继续在土壤中睡觉，等待春天的到来吧！

当菲克的爸爸也是只小狐狸时
——生物与环境的相互作用

今天是星期六，难得爸爸不用加班。小狐狸菲克缠着爸爸给自己讲故事。

爸爸泡了一杯茶，想了想，说："那爸爸就讲一讲小时候的故事吧。那会儿，爸爸也是只小狐狸。"

小狐狸菲克兴奋极了。那会儿，爸爸也像自己这么小呢！

很多年前，狐狸爸爸也是只小小的狐狸，跟着家人在另一个世界（爸爸小时候住复杂区）的一片草原上生活。那时，那里的风是暖的、水是清的、草是甜的，各种动物在这里生活得非常幸福，虽然食肉动物会捕食食草动物，但是不同动物的数量基本没有大的变化。

不知道什么时候起，那里的生境（habitat，就是指环境和环境中的各种生态因子）发生了变化：气温升高，春、夏、秋、冬各个季节都热了许多；河流湖泊越来越小，水也没那么甘甜了；草场里的青草变得枯黄，草场一点点变得

光秃贫瘠了；沙漠的面积倒是越来越大。一些植物消失了，一些动物的生活也受到了影响，它们的亲朋好友们在陆续死去，于是一些动物打算搬家。

狐狸爸爸听说，在海拔较低处生活的植物越来越无法忍受环境的恶化，而它们生活在海拔较高地区的亲戚们倒是过着比以往更加舒适的生活。他还听说，有些地方水温变高，导致有些鱼产卵的次数也发生了变化。

狐狸爸爸刚说到这里，小狐狸菲克就打断他："爸爸，为什么环境变化后，动植物的生活也会发生改变呢？"

狐狸爸爸解释道："一开始，环境的变化影响到了动植物的生存、生长和分布的范围。随着影响持续的时间越来越长，科学家发现，其实生物是在不断地适应环境并由此而发生改变的。"说着，狐狸爸爸拿出一本书，是达尔文的《物种起源》，说道："关于'进化'（evolution），你可以看看这本书，从而理解什么是'物竞天择'和'适者生存'了。"

小狐狸菲克接过书，翻了翻："我听妈妈说过，以前长颈鹿的脖子没那么长，但是随着生活环境及气候发生变化，它们家附近的低矮植物开始变得稀少，为了生存，长颈鹿们就必须努力去争取树梢高处的叶子，那么脖子短的长颈鹿必然陆续饿死。这样一来，能活下去并生儿育女的长颈鹿也大多是脖子比较长的，它们长脖子的基因在世代繁衍中留存下来，于是如今见到的长颈鹿都是长脖子。不过，也有的科学家质疑生物进化论，他们声称从未发现不同脖长的长颈鹿的化石。"

"这是进化的一个例子，也是生态位（niche）分化的一个例子。"狐狸爸爸说。

"什么是'生态位'？"小狐狸菲克问。

"简单来说，在某一段时间内，生物跟环境、生物跟其他生物之间都有一张无形而巨大的关系网。某个生物在它所处的关系网中所占的位置，就是'生态位'。我拿'生态位分化'来说明，你就好理解了：很久很久以前，鹿都是吃草的，但是随着鹿的数量不断增加，而草的数量有限，那么有的鹿渐渐就不吃草而改吃灌木的叶子；有的鹿身形较大，就能吃到树梢的叶子。它们取食（即吃饭）习惯的差别就是'生态位分化'的一个例子。"狐狸爸爸解释道。

"那么爸爸，环境对生物影响这么大，生物对环境就没有影响吗？或者生物之间有没有影响呢？"小狐狸菲克穷追不舍地问。

"生物对环境也是有影响的啊！我们说环境对生物有作用，那么生物对环境就是'反作用'。比如，你在森林里会比在草原感觉更凉爽，风也小，地面也较为湿润，冬天的地面也不容易冻住。这是因为森林里的树木吸收了很多太阳辐射，又留存住了空气中的水分，降低了风速，还用凋落的枯枝叶覆盖住地面，等于森林创造出了一个清凉湿润的小气候。又比如，蚯蚓在土里钻啊钻的，给土壤打了很多小洞，那么土壤里的空气就更多了，土壤的结构也由于蚯蚓的打洞而发生了变化。再比如，人类的一些工业活动排放过量的二氧化碳气体，改变了地球的气候。这些都属于生物对环境的反作用。

此外，生物之间的相互作用（或者说'交互作用'，interaction）也很奇妙。你有没有发现，你的小伙伴猞猁很喜欢追着小兔子跑？时间长了，猞猁和兔子都越来越灵巧敏捷，但是猞猁更擅长捕捉，兔子更擅长躲避，把这种现象放在岁月长河之中来看，那就是'进化'的力量了。"

狐狸爸爸说到这里，突然发现茶杯里的茶凉了，准备起身去倒水。小狐狸菲克赶紧抢过杯子朝厨房跑，边跑边说："爸爸讲的故事真有意思，我把一暖壶水都倒给您，您多讲一会儿吧！"

听到这儿，狐狸爸爸赶紧去追小狐狸："傻孩子，杯子就那么大，你怎么倒一暖壶水啊！"

小狐狸菲克养多肉
——限制因子与耐受限度

不知道哪里刮来的流行风，最近很多人在养多肉植物，小狐狸菲克就是其中一个多肉迷。这不，他死缠烂打地让妈妈给他买了二十多种多肉植物。今天货送来了，花花绿绿的多肉植物堆了一地，很是热闹。

不过呢，这些肉嘟嘟的小植物并不是小狐狸菲克买给自己的，他还准备了小礼盒，打算分一部分寄给他远在北极的好朋友小鹿斑斑。小狐狸菲克一边挑挑拣拣，一边嘟嘟囔囔地说着要给小鹿斑斑一个惊喜。菲克的话让妈妈听见了，妈妈"噗嗤"乐了。

"菲克，你可知道小鹿斑斑住在什么地方？"

"我当然知道，斑斑住在北极，他经常能看到极光，他说极光可漂亮了。"

"那你知道多肉植物原本生活在什么地方吗？"

"我听卖植物的爷爷说，多肉植物原本是生活在热带地区的，特别是干旱的地带。"小狐狸菲克说完，突然意识到妈妈的用意，"妈妈，您是想说，斑斑住的地方不适合多肉植物生长吗？"

"对了！"妈妈摸了摸小狐狸菲克的头，说："多肉植物原本生活在热带，它们喜欢那里干燥而高温的环境。如果你把它们带到北极，它们能茁壮成长吗？"

小狐狸菲克有点不可思议："它们会那么在意温度的变化么？"

妈妈抱起小狐狸菲克，耐心解释："菲克，你知道的，植物和动物一样，都对环境中的生态因子（具体解释参见第一个故事）有着多多少少的要求。这些生态因子如果都符合动植物的生长要求，那么动植物就会非常欢喜，长得也会极其无拘无束；可是如果某个生态因子的量不够或者太多，它就会成为动植物生长的限制因子了。受到影响的动植物不仅不能很好地生活，甚至有可能会死掉。"

"您的意思是，如果我把热带的多肉植物带到北极，它们可能会死掉？可是，我答应要给斑斑送礼物的。"小狐狸菲克急得快哭了。

妈妈赶紧安慰小狐狸菲克："宝贝，别着急，听妈妈说完。妈妈知道住在北极的人们若是要养多肉植物，当然只能养在温暖的家里。现在，妈妈只是跟你探讨一下植物对不同环境的适应能力。不同的动物或植物，对环境有着不同的忍耐限度。你如果要带一种生物去一个陌生的地带生活，一定要事先搞清楚那里的气候是否适合这种生物，以及这种生物的适应能力怎么样。

另外，动植物对不同的生态因子也有着不同的耐受能力。比如，有的动植物不是非常在乎土壤中是否有着充足的水分，但是很在意气温是冷还是热。而且动植物处在不同的年龄，对生态因子的耐受能力也会不同，好比说，成年人饿几天还可以坚持坚持，但是小婴儿饿几天可能就小命不保了。

还有，菲克，你想象一下，你吃饱穿暖、身体健康的情况下，也许能忍耐半天不喝水，但是如果你饿得奄奄一息，再不给你水喝，你能坚持多久？这个例子如果用生态学的语言来解释就是，当生物所需要的某个生态因子过少时，这个生物对别的生态因子的耐受能力也会降低。"

小狐狸菲克还沉浸在不能给小鹿斑斑邮寄多肉植物的失落中，他说："妈妈，那我不寄多肉植物给小鹿斑斑了，因为这些小肉肉会在北极冻坏的。"

妈妈建议道："我知道你想给斑斑送礼物，那么，你可以选择一些广生态幅的植物啊！"

"什么？广生态幅？这是什么东西？"小狐狸菲克兴奋了，他又听到一个新鲜的词语。

"'生态幅'（ecological amplitude）就是指生物对某个生态因子的忍耐范围。比如，某种动物要求其生活环境的最低气温不能低于零下50℃、最高不能超过零上60℃，那么零下50℃至零上60℃就是这个动物关于温度的生态幅。对于动植物来说，生态因子的量超出某个范围，比如，气温太低或太高、太阳光太强或不足，动植物就会生活不好、甚至活不下去。

某个物种的生态幅越宽广，说明这个物种越坚强，到很多地方都能很好地生存、适应；如果某个物种的生态幅很狭窄，那就说明这个物种娇滴滴的，环境稍微一改变它就受不了。不过呢，物种的生态幅也是可以调节的，可以通过后天的培养慢慢改变，就像妈妈小时候不能吃辣，现在可以吃很辣很辣的火锅啦，哈哈哈……"

小狐狸菲克拍拍胸脯："姥姥、姥爷曾经说我适应能力很强，到什么场合都不怯场，不管周围坐着什么人，我就是自顾自吃，可以一直吃到肚子滚滚圆。但是小兔子阿宝就不一样，她胆小，身边坐个陌生人她连饭都不敢吃。如此说来，我算是生态幅广的动物，而阿宝就是生态幅窄的动物咯！"

妈妈笑了："如果你可以把冬天当夏天过，那你就算是生态幅比较广的动物。你可以吗？"

小狐狸菲克想了想，难道要让自己在寒冬腊月只穿个小裤衩出门？他不禁被自己的想象"冻"得缩了缩脖子。不过转念一想，他又说："可以这么想啊，我在夏天吃冰糕，我在冬天也可以吃冰糕！"

一直在旁边看报纸的爸爸听不下去了，打趣道："你别尽挑简单的来做。你可以在最热的七八月不开空调，还围着火炉烤火吗？"

小狐狸菲克幻想了一下，又被自己的想象"热"到吐舌头。他想：我还是乖乖做一个普通的小狐狸吧，我只想在夏天吃冰糕、在冬天盖棉被。

小松鼠甜甜的向日葵
——光的生态作用及生物对光的适应

这天，班里转来了个新同学——小松鼠甜甜。小狐狸菲克听说小松鼠甜甜养了一株会说话的向日葵。于是，挑了个周六，小狐狸菲克约着小兔子阿宝一起去小松鼠甜甜家拜访——其实，拜访是次要的，主要是想看看那棵神奇的向日葵。

当初，小狐狸菲克和小兔子阿宝一见到小松鼠甜甜就喜欢上了她。甜甜很漂亮、很爱干净（尾巴从来都是盘起来装好），又乖巧可爱，笑容甜蜜蜜的，声音也像棉花糖一样柔软。小松鼠甜甜也喜欢这两位新朋友。于是三个朋友头凑头地围着向日葵，你一句我一句地问这株会说话的向日葵问题。

向日葵戴了副太阳镜，看上去酷酷的，话也不多。小松鼠甜甜解释说，这株向日葵是领养的，视力有点问题，所以要戴个太阳镜；而且她很害羞，一般不跟陌生人说话。

小狐狸菲克说："向日葵，你好！我最喜欢吃米饭和鸡蛋，阿宝最喜欢吃糯米糕。你呢，你喜欢吃什么？"

向日葵脸红了："太阳光、水、二氧化碳。"

"你为什么喜欢太阳光和二氧化碳呢？"小兔子阿宝问。

向日葵的脸红成了番茄，吐出几个字："光合作用。"之后就把头埋下去了。

小松鼠甜甜赶紧把向日葵抱走。回来后，她给菲克和阿宝解释："对不起啊，我的小葵见了生人就容易害羞，今天她能说这么多话已经很不容易了。"

"小葵为什么要戴太阳镜呢？她的眼睛怎么了？"小兔子阿宝问。

"我也不太懂，妈妈说小葵出生后被晒坏了眼睛，现在不戴太阳镜就会眼睛疼。"小松鼠甜甜伤感地说，"妈妈说小葵不能自己在野外生活，于是鼓励我领养了她。小葵虽然跟陌生人不怎么说话，但是如果跟你熟了，会给你讲很多有关植物世界的有趣故事呢。"

"比如呢？"小狐狸菲克好高兴，他很想了解植物世界的事情。

小松鼠甜甜说："小葵说，在它们植物眼里，太阳光是很复杂的东西。怎么说呢？太阳光就好像一条看不见的带子，带子里的光有的波长长，有的波长短。动物们只能看到波长中等的'可见光'，雨后你看到的七色彩虹就是太阳光在空气中的水滴上折射、反射后形成的；昆虫们可以感应到波长最短的'紫外线'，紫外线很厉害，可以杀死细菌；太阳光中波长最长的部分叫'红外线'，这是谁都看不见的，但是有些爬行动物，比如蛇，可以用它的舌头感知动物体温散发的红外线。刚才小葵说她们需要阳光，其实是需要'吃掉'可见光中的红光和蓝紫光，但是植物不会'吃'绿光。"

"没想到阳光看上去没有颜色或者有时候感觉是黄色，其实那么复杂！"小兔子阿宝觉得很新鲜，问，"为什么我们动物不能跟植物一样'吃'阳光呢？"

"植物绿油油的，是因为体内有种东西叫叶绿素，也正是叶绿素让植物们可以把阳光转化成植物需要的营养。这是植物比咱们动物高级的地方。

而且，你们知道吗？植物们也有自己的家族，同一家族的家人们如果住在地球的不同地方，它们的外貌慢慢地也就不太像了，其中一个缘由就可能是太阳光，并且太阳光的影响因素又可分为光质和光强。"小松鼠甜甜越说越像个老师了，"比如说，高山上的植物，因为总是被紫外线晒着，它们大多数个儿矮，身材粗短，长着白色绒毛，而且叶子也小，开蓝紫色花。那么动物呢，虽然不会像植物一样对太阳光中的成分（光质）那么敏感，但是也会有一些反应：比如说，如果太阳光很强，有的动物的卵发育得很快，要不了多久就能变成小宝宝；海底的太阳光很少很少，深海的鱼儿发育得可能就很慢。植物对太阳光强度的反应就更明显了：长期在黑暗中的植物，叶片会发黄，茎会又长又软，叶子又小又皱巴，也很难开花结果。"

"看来太阳光对动物和植物们都很重要。我记得妈妈之前给我讲过，太阳光就是一种生态因子，而且生态因子对生物有影响，生物也会慢慢适应生态因

17

子。那么，动物和植物是怎么适应太阳光的变化的呢？"小狐狸菲克追问。

小松鼠甜甜没想到菲克问得这么多，一时语塞，因为她刚才"卖弄"的都是向日葵以前跟她说过的知识。正当她准备岔开话题时，向日葵走了过来，小声地说："我们植物可以分为喜光植物和喜阴植物两种，喜光植物喜欢强烈的光照，喜阴植物更爱生活在树林下层这种比较阴凉的环境。喜光植物和喜阴植物的外观差别比较大，这就是它们为了适应环境而改变自己的结果。"

"嗯，我听说过，动物也分为白天出来活动、晚上睡觉的昼行性动物和晚上出来活动、白天睡觉的夜行性动物。夜行性动物眼睛大，眼球还往外凸。"小兔子阿宝边说边故意把眼睛瞪大，模仿着大眼睛动物。

"对了，我们植物也会随着白天、黑夜的交替，表现出各种生命活动的变化。比如，白天我们主要进行光合作用，把二氧化碳转化成氧气，并通过蒸腾作用来散发水分；但是晚上我们主要进行有氧呼吸，就像你们动物那样，吸进去氧气，呼出二氧化碳。相信你们动物也会因为太阳光照的周期性变化而表现出什么变化吧？"向日葵好像已经把小狐狸菲克和小兔子阿宝当成朋友了，话越说越利索，也不脸红了。

小狐狸菲克想想说："好像是呢，白天和晚上我们的体温也不太一样，而且白天食物消化得快，我老饿；晚上尽睡觉了，没吃饱也不会很难受。"

"我说的光周期变化不只是指白天和晚上，还包括一年四季的变化。"向日葵说，"我们植物在春天和夏天生长、开花，在秋天结果、落叶，在冬天休眠，就是对光周期的反应。"

"是了，是了！"小狐狸菲克抢话道，"我们有些动物到了秋天就搬家去南方，有的到了冬天会休眠。像我们狐狸，到了秋冬还会换毛呢！"

小兔子阿宝美慕地问："真好，新长出来的毛是不是更漂亮、更柔软？"

小狐狸菲克有点遗憾地说："我的毛不太变色。我有些亲戚是北极狐，他们到了冬天，黑色的毛会变成白色，像雪一样又白又亮。"说着他有了个好主意，高兴地说："不如这样，过一阵我们家要去北极拜访一位叔叔，到时阿宝、甜甜、小葵咱们一起去，还能去看看小鹿斑斑。"

小松鼠甜甜听了之后好高兴："太好了，我要打扮得漂漂亮亮的，去见新朋友！"小兔子阿宝也兴奋极了："好啊，好啊，我好想念斑斑，自从他转学了我一直很想念他！"

向日葵没有吭声，只是静静地看着三位又蹦又跳的朋友。她虽然没有露出任何表情，但是心里很温暖很温暖。

黑色"大熊"尼斯叔叔
——生物对温度的适应

　　小狐狸菲克是个言出必行的孩子。昨天他跟小伙伴们说好要一起去北极看望北极狐叔叔，一回家立刻磨着爸爸妈妈订机票。爸爸妈妈很头疼：这孩子怎么突然冒出来这么奇特的想法？我们一家子去北极，那大人们的工作怎么办？等菲克睡了，爸爸妈妈悄悄地商量了一夜，可还是没商量出来个解决办法，只能期盼着菲克自己忘了这个计划。

　　没想到第二天，狐狸爸爸居然接到了一个让他欣喜万分的电话。一个远方亲戚——详细论起来，那应该是他舅姥爷第三个儿子的表嫂的儿子——一只北极狐，想来他们这里暂住几天。这只北极狐是个记者，常年走南闯北，这次也是想来寻找些新闻素材，了解一下这边的风土民情。狐狸爸爸正愁自己没空陪儿子去北极，正巧送上门一只来自北极的狐，于是赶紧答应下来。再说，狐狸爸爸小时候见过这个叫尼斯的北极狐亲戚，他一身雪白的毛，脸圆圆的，很是帅气可爱，狐狸爸爸一度把他当成自己的偶像来膜拜。

狐狸爸爸没有告诉小狐狸菲克详情，只说过几天有个神秘的客人要来，叫他帮助妈妈把家里里外外打扫干净。

这天晚上，狐狸一家正坐在沙发上各自看书，突然听到几声沉重的敲门声。小狐狸菲克跑去开门。一打开门，他愣住了。只见门口站着一只很高大很高大的黑色"大熊"，穿着很厚的羽绒服，热得浑身冒蒸汽。"大熊"挎着几个相机包，又拖着一个很重的行李箱。"大熊"见小狐狸菲克瞪着自己发呆，赶紧问："请问，这是狐狸麦克斯先生的家吗？"

狐狸爸爸听闻便走过来，一见"大熊"也愣住了，迟疑地问："我是麦克斯，阁下是……"

"大熊"呵呵地笑了："我是尼斯啊！怎么，没听出我的声音？"

狐狸爸爸怀疑地上下打量"大熊"："您是一只北极狐？"

"大熊"有点不好意思，舔湿双手手掌后擦了几把脸，脸上的毛顿时没有之前那么蓬松了。仔细看，好像真的是只狐狸。尼斯笑道："好几天没刮胡子了，有点吓人，是不？"

狐狸爸爸赶紧迎北极狐尼斯进门。狐狸妈妈端来一杯加了蜂蜜的奶茶给客

怕冷你就多吃点
怕冷你就多穿点

欢迎尼斯叔叔

人喝。待尼斯脱了厚外套，又喝光了奶茶，狐狸爸爸才缓过神来，问："尼斯，咱们小时候见过面，那时候你的毛又白又亮，很是帅气，现在怎么……咳咳咳，这么些年在你身上发生什么了？"

北极狐尼斯笑了："老兄，咱俩虽说都是狐属，但是不同种。我们北极狐的毛色变化很大，会从夏天的黑色换成冬天的白色……"

"是这样的！"小狐狸菲克突然大声说，吓了大伙一跳，"我听小伙伴说过，北极狐这样是对太阳光周期变化的反应。"

北极狐尼斯有点惊讶小狐狸菲克的知识储备，仔仔细细打量了一阵菲克，夸奖道："这孩子还挺热爱科学的。"

小狐狸菲克被夸奖了，心里美滋滋的，不过他并不满足于自己积累的一点点知识，于是缠着尼斯叔叔问东问西。北极狐尼斯索性跟菲克讲起了北极，说北极很冷，很多动物为了适应寒冷的气候，身材很胖很壮，有的还总是下意识地抖腿（通过颤抖来产生热量）。

"动物可以分为常温动物和变温动物。常温动物可以保持自己的体温大致在一定范围，比如，咱们哺乳动物都是常温动物，而变温动物（如鱼、蛇、蛙等）的体温会随着环境温度的变化而发生一些变化。

生物的生长和发育都需要合适的温度。如果温度太高或太低，动植物都会脱水而死或者被冻死。但是呢，生物对温度的适应能力也是可以通过锻炼来得到增强的，这就叫做'驯化'（acclimation）。"

小狐狸菲克举手要插话："尼斯叔叔，我知道生态因子对动植物有影响，动植物也能自我调节来适应生态因子。"

"是的，这属于生态学的思维。"北极狐尼斯很高兴地说，"你是一个爱学习的孩子。那我给你多说一些。

生物为了适应低温，会有一些特殊的改变。比如，常年生长于低温环境中的植物，叶片表面可能会产生油脂，树皮会又厚又硬；生活在寒冷地区的动物，一般体型会比较大（这方面的规律叫'贝格曼规律'），或是尾巴、耳朵之类变得小而短（这方面的规律叫'阿伦规律'），羽或者毛通常很多、很密，皮下脂肪会很厚，有的动物还会冬眠。

为了适应高温，有的植物身上会布满小毛或者鳞片，身体发白，叶片也会反光；有的动物明明是常温动物，却可以让自己的体温发生比较大的变化，这样就不会大量失水了；或者有的动物干脆选择白天睡觉晚上活动。

如果温度是有规律地每隔一段时间发生一次变化，那么我们就说这种变化是周期性的变化。植物的适应方式表现在生长、开花、结果等方面，而动物则表现在换毛换羽、迁徙、冬眠等行为方面。"北极狐尼斯本身就有些旅途劳顿，现在一口气说了这么多也真是有些累了，于是想歇歇，就问小狐狸菲克："说了这么多，你有什么收获吗？"

"我觉得，温度就是一种生态因子，它对动植物的影响是很明显的，动植物对温度也会有它们各自的适应方式。而且，我突然想到，温度跟光照应该是一起起作用的吧？我发现这两种生态因子对动植物的影响有相似的地方。"小狐狸菲克联想到昨天学到的太阳光照的知识，于是大胆地提出假设。

北极狐尼斯非常欣喜："你说得非常对！真是没看出来，你小小年纪还挺善于思考的，是你爸爸妈妈教你的吧？"

小狐狸菲克不置可否地笑了笑。他的老师可不只是他的爸爸妈妈，他觉得每一个人身上都具有值得他去学习的闪光点呢！

风的魔术剪刀
——风对生物的作用

今天的风好大，小狐狸菲克一出门就被吹乱了毛发。他不由地惊呼："风的力量真大啊，我感觉我脸上的毛都要被它带走了！"

狐狸妈妈笑菲克："这孩子，你又不是戴着假发套，风再大怎么会吹走你的毛发呢？"

小狐狸菲克吐吐舌头："是真的嘛！我觉得今天的风跟妈妈的吹风机有得一拼了。如果吹久一点，我的头发也要定型了呢。"

狐狸妈妈听着，觉得教育的机会来了，就故意问菲克："那么，你觉得风是一种生态因子吗？它对动植物会有影响吗？"

小狐狸菲克一听到"生态因子"就眼睛一亮，他很喜欢这个词语，这个词语包含了很多有趣的知识。他想了想，说："我觉得风是一种生态因子，因为它吹起来'呼呼呼'的那么厉害，一定对动植物是有影响的。"

狐狸妈妈欣慰地拍了拍菲克的头，说："你说风吹起来很厉害，那指的是风的力量，跟风的速度有关，风速越大风的力量也越大。如果风力很强，植物为了去适应、不被刮倒，就会长得很矮小，叶片等身体部件也会很小；如果是树木，那么它们贴近地面的底部（称为'基部'）会很粗，但树梢却会很细，也是为了使自己站得更加稳。

如果这股强风常年吹向一个方向，那么树还容易变成旗形树，也就是说，树梢（也就是树冠）会像小旗子一样，被风吹得朝一个方向延展。与此同时，树皮也会变厚，叶子却是变得

小而硬，树的根则需要变得更粗壮来牢牢地抓住地面。"

小狐狸菲克一边听，一边幻想那样的场景，不由得惊叹了一声，说："哇，风好像有把魔术剪刀啊，可以给树剪头发呢！妈妈，那动物呢，会对强风有什么反应？"

"如果动物们常年生活在很开阔、风又多的地带，那么它们的皮毛一般会很短很密，紧紧地贴在身上；但如果是在丛林里，或者是风力普遍比较小的地区，动物们的毛一般会比较长，而且松松软软的。"

小狐狸菲克摸摸自己的头发："我的毛就是松松软软的，这说明咱们生活环境的风普遍是比较小的吧？"

狐狸妈妈笑了："菲克，你这么分析只是对了一部分。当我们讲到动物对环境的适应时，并不能只看个别动物的外貌有什么特征，而是要观察这个地方这个物种的所有个体。有一门学科叫统计学，就是做调查、做分析，这门学科很讲究被调查的动植物的数量（也就是样本的数量）。"

小狐狸菲克"噢"了一声，然后问："我重新说一下。如果咱们这里世代生活着的所有狐狸，或者说大部分狐狸的毛都是松松软软的，那可以说明这里的风普遍是比较小的吧？"

"可以这么假定。"狐狸妈妈点了点头。

"妈妈，风还有什么作用呢？"小狐狸菲克问。

"风啊，好的方面呢，可以给植物传粉、传播种子，帮助动物迁徙，告诉动物们哪里有香香的、好吃的东西。如果说风有什么不好，那就是可能会把植物刮倒、刮断，甚至把它们从地里拔出来；如果风很干燥又热，还可能会让植物失水，然后萎蔫。

风有好的作用，也有坏的作用。人类也一直都在想办法利用风的特点，来改善自己居住的环境。比如，他们建造了风车，利用风力这一清洁能源发电，在获得电力资源的同时，并没有依赖化石燃料，因此也没有增加温室气体的排放。

好了，菲克，到学校了。那么，放学见了！"狐狸妈妈停下脚步，要跟菲克告别。

小狐狸菲克还想听妈妈继续讲知识，可是眼前就是学校，他也不能求妈妈一直陪着自己、不去上班。于是，小狐狸菲克只好恋恋不舍地跟妈妈摆手再见，一步三回头地走进校园。

可怕的火
——火对生物的作用

这个周末，狐狸爸爸不用去加班，也不用出差，于是他开车带一家子出门游玩。小狐狸菲克好高兴，前一天晚上就督促妈妈准备了芒果蛋糕和苹果气泡水。今天他还带了爸爸的单反相机，他要好好拍几张风景照，回来后冲洗成很大幅的照片，摆在家里。

狐狸一家都喜欢欣赏自然风光。于是，狐狸爸爸就开车直奔城市的北边山区，那里有山有水，风光旖旎，引人入胜。小狐狸菲克坐在副驾驶，打开音乐开始播放《Traveling Light》这首歌，他觉得这首歌很适合现在的旅行气氛。

小狐狸菲克一边跟着歌曲哼哼，一边看着窗外的风光。突然，他很紧张地指着车窗外，喊道："爸爸，快看，那里着火了！"

狐狸爸爸一惊，在保证安全驾驶的前提下，看了看菲克指的方向。不过，

他很快就放松下来，安慰小狐狸菲克说："放心吧，菲克，那是护林员在燃烧凋落的树叶。"

"为什么要烧掉凋落的树叶呢，他们不怕着大火吗？"小狐狸菲克不解地问。

"看样子，爸爸要给你讲讲火的生态作用了。"狐狸爸爸清清嗓子，开始讲知识。小狐狸菲克赶紧竖起耳朵，他不想错过任何一点讯息。

"自然界的火可能是由天上的雷电击中地面的树干产生的，也可能是来自火山喷发出的火球，或者是出自某些物质自发的燃烧，还有可能是人为活动的结果。自然界的火可以分为林冠火和地面火。所谓林冠火，就是发生在树冠顶层的火，这种火从字面便可明白，是从树林的树梢开始往下烧，烧得那叫一个彻彻底底，所以林冠火往往会破坏地面所有的植物群落、烧死很多很多动物。

地面火呢，顾名思义，是发生在地面的火。这种火破坏力小一些，只是容易烧死植物的幼苗或者是树皮比较薄的植物。地面火有时反而有利于植物群落的发展，因为它烧掉一些老弱病残的植物后，这个植物群落可以焕发出新的活力。而且，如果地面火烧死了一些爱跟别人竞争、爱欺负别人的植物，反而更利于提升群落的多样性！"

"那么，刚才您说的护林员点火，是要烧死一些植物，来让植物群落变得更好吗？"小狐狸菲克问，其实他还是不太理解，火烧起来那么可怕，居然还可能是好事。

"护林员不是要烧死植物。当他们发现树林的地面上积攒了很多干燥的枯枝落叶、而且这些枯枝落叶有可能会引发森林大火时，他们会把这些安全隐患收拾一下，然后集中起来安全焚烧。这样主动而安全地烧掉一些干燥的枝叶，既避免了森林大火，也能把这些植物的遗体火化成有营养的灰，也就是无机肥料。植物在这种肥料上生长会更茁壮。"

"此外，火还可以帮助一些植物的种子萌发。比如，冷杉的种子会休眠，只有遇到很高的温度才会苏醒。"坐在后座的狐狸妈妈来补充了。

"可是，我还是觉得火很可怕。"小狐狸菲克说，"毕竟，火能烧死植物和动物。"

"没错，火会烧死地面的植物和动物，破坏生态平衡，也会通过灼烧地面，造成土壤表面和内部结构的改变。而且，植物体内具有的氮元素和硫元素如果能留在土壤里将会是很好的养分，但如果植物被烧掉了，这两种元素就会成为大气中的污染物，并产生雾霾天气等恶劣影响。"狐狸妈妈说。

"正因为火很可怕，所以人类一直在想办法降低火的破坏力。护林员那么积极主动地去烧东西，也是丢卒保车啊！"狐狸爸爸笑道。

小狐狸菲克不懂什么叫"丢卒保车"，但他隐隐地感觉应该是牺牲局部来保全大环境安全的意思。他开始安静地看着远方的青烟，突然觉得那缕烟好像也没那么可怕了。

游泳好凉快
——地球上水的存在形式及分布

最近天气越来越热，很多动物都打算剪短毛发或者去游泳解暑。这天，小狐狸菲克和小兔子阿宝、小松鼠甜甜约着一起去游泳。小狐狸菲克会狗刨，于是没带游泳圈；小兔子阿宝和小松鼠甜甜都是旱鸭子，一人戴了个卡通游泳圈，阿宝戴的是可爱的龙猫图案的游泳圈，甜甜戴的游泳圈上是大朵大朵的向日葵。

小狐狸菲克一见水就兴奋，"嗖"的一声蹿到水里，手脚开始有规律地刨啊刨的。小兔子阿宝看着菲克那样游泳，偷着乐。小松鼠甜甜站在泳池边，好像很为难的样子。

小兔子阿宝问小松鼠甜甜："甜甜，你怎么一副很着急的样子？"

小松鼠甜甜眼珠滴溜溜转，说："我不想下水了，就在这里坐着看你们玩吧。"

"为什么啊？你的游泳圈不是都带来了吗？"小兔子阿宝不解地问。

小松鼠甜甜见小兔子阿宝穷追不舍地问，知道自己绕不过去这个问题，只好小声告诉阿宝："我怕一下水，这好不容易编好的辫子就湿了，那多难看啊。"

小兔子阿宝乐呵呵的："你既然来游泳，就别编这么复杂的辫子呗。这是你妈妈给你编的？花了好长时间吧？"

"可不，花了1个小时，我坐都坐累了。"小松鼠甜甜得意地左右摆着头，显摆道，"不过，好多人都一直盯着我的发型看来着，他们都好羡慕我的。"

这时，小狐狸菲克已经游了一圈了，他朝两个说着闺中密语的小女生大声喊："喂，快下水啊，好凉爽呢！"

小兔子阿宝听到菲克喊，戴着游泳圈就跳下了水。小松鼠甜甜吓得往后退了几步，生怕有一丁点水溅到她头发上。小兔子阿宝自在地划了一会儿水，也大声喊小松鼠甜甜："甜甜，下水来吧，真的好凉爽！"

"不了，谢谢。我还是坐在遮阳伞下吃冰吧。"小松鼠甜甜戴上太阳镜，开始美美地听音乐、吃炒冰了。

小兔子阿宝只好撇下小松鼠甜甜，游向小狐狸菲克。他俩很快就玩得不亦乐乎，笑声回荡在整片泳池。小松鼠甜甜从太阳镜下偷偷看他们，心里很羡慕，但是脸上还是装作很享受的样子。

晚上，小狐狸菲克疲惫地回到家。他很想立刻就睡觉，不过他总觉得应该再跟爸爸妈妈聊点什么。菲克的身体瘫在沙发上开始休息，但是头脑仍在高速运转。他问狐狸爸爸："爸爸，为什么天气那么热，水里却很凉爽？"

狐狸爸爸本来在看报纸，听到儿子问问题，立刻放下报纸。他一向很鼓励孩子提问，而且很尊重孩子提问题。狐狸爸爸略微思考了一

下，整理了一下思路，因为他和狐狸妈妈一样，喜欢给孩子系统性地讲述知识，尽量把相关的知识点都给孩子讲解到。他说："物理学里有个专业词语，叫'比热容'，就是指物体吸热或散热的能力，比热容越大的物体吸收热或散热后自身温度变化越小。你问为什么天气热但是水里凉，那是因为你站在地面，地面的比热容比水的比热容小很多，所以地面容易吸收太阳的热量而变得很热，但是水的温度却变化不大、比地面凉爽。

说到水啊，地球上71%的面积是水，或者说是海水。陆地上的水大多属于淡水，以地表水、地下水、大气水、冰雪等方式在陆地上循环。水有三种形态：固态、液态、气态。固态的水就是冰、雪、霜等；液态的水当然就是平常见到的水了；气态的水就是水蒸气，就是咱们水烧开后冒的白气。水很有意思的一点是，当它处于4℃时，它的密度最大；但是当它到达0℃并结成冰后，密度反而变小了。因此，你可以发现，冰永远是浮在水面的，尽管冬天很冷、冰面冻得很厚，但是冰下的生物还是能正常地生活。"

接着，狐狸爸爸又顺便说到了水对生物的影响："水是一种很重要的生态因子。首先，水是地球上所有生命体内重要和主要的物质，可以说没有水就没有生命。一般生物体内60%～80%是水，但极端的例子也是有的，比如水母体内 95% 是水，但是干旱地区的一些地衣体内的含水量可能只有 6%。如果动植物过度失水，容易危及生命。

其次，水也是很多动植物生活的环境，这些水生生物在水里活动就像咱们在陆地上活动一样：咱们从空气中吸收氧气，而它们从水中吸收氧气。

陆地上水的分布是不均匀的，降水量也不均匀——高纬度地区的降水就比低纬度地区少，内陆比海边降水少，秋冬季比春夏季少……"狐狸爸爸说着，突然发现小狐狸菲克睡着了。他停下讲述，起身把菲克抱起来，放在小床上。

其实，小狐狸菲克不想在爸爸讲知识时睡着，那样真是太不礼貌，但是自己今天真的好累，不由自主地就睡着了。他睡着后就开始做梦，梦见自己变成一只鱼，游遍了各地的河流湖泊，又游遍了全世界的云山雾海。

我爱喝水
——生物对水分的适应

一天，狐狸妈妈突然冲狐狸爸爸抱怨："老公，菲克就是不爱喝水，怎么办啊？"

狐狸爸爸有点莫名其妙："不喝水就是不渴，这有什么可大惊小怪的？"

狐狸妈妈叹了口气："可是他从一大早到下午放学，一口水都不喝啊！养生专家说一天8杯水，难道都要晚上喝吗？"

狐狸爸爸沉吟了一下，说："那就给孩子买个水壶吧。"

狐狸妈妈一听"买"，顿时眼睛一亮，忙不迭地答应下来："好啊好啊！"

狐狸爸爸一听状况不对，赶紧补充："只能给菲克买水壶啊，你可别又乘机给自己买一堆乱七八糟的玩意儿。"

狐狸妈妈撇了撇嘴："切，我的工资我做主。"然后就开始逛网店了。

过了几天，狐狸妈妈买的水壶到了，是蓝色的哆啦A梦图案的保温水壶。这样，小狐狸菲克也可以在学校随时喝到温水。妈妈想着想着都被自己的母爱感动了，情不自禁地笑出声来。

不料，小狐狸菲克回家后听说此事，死活不肯带到学校去。他的理由是没有一个同学带水壶的，自己带了多奇怪啊。

狐狸妈妈问："难道你一天不喝水，就不渴吗？"

小狐狸菲克说："渴就买瓶饮料呗。大家都买，难不成我喝着白水，看别人喝可乐？"

狐狸妈妈一颗炽热的心顿时有种被冷水浇凉的感觉。不过，她转念一想，又有了主意。她问小狐狸："菲克，你知道水是一种重要的生态因子吧？那你知道水对生物有什么影响吗？"

"妈妈快讲！"小狐狸菲克很兴奋，催促着妈妈。

狐狸妈妈暗暗一笑，开始讲述了："你知道的，水是生物体内重要的介质，也是生物生活的重要环境。首先，对于植物来说，植物不仅需要利用水来进行光合作用，还具有一项很消耗水的生理活动叫蒸腾作用。有些植物喝下的水只有1%存在体内，而99%的水都蒸腾掉了。因此，植物需要在获得水和失去水

这两项活动中取得平衡，想办法去适应环境，动物也一样。

那么土壤里的水对植物有什么影响呢？在常年湿润的土壤中，植物的根系也会比较短，仅分布在土地表层；如果是在沙漠之类的干旱土壤中，植物的根系会扎得很深，去努力吸收土壤更深层的水分，根不仅很长，还长着丰富的根毛，另外它们的叶子也小，叶子表面有蜡，防止过强的蒸腾作用。

在陆地上生活的植物，简称陆生植物，可以分为三种：湿生植物、中生植物、旱生植物。其中，湿生植物很抗涝，不耐旱，典型案例就是水稻；中生植物的抗涝、抗旱能力都是中等，比如大多数的农作物，它们既怕土壤太湿又怕土壤太干；旱生植物则非常抗旱，比如一些荒漠植物。

在水里生活的植物就称为水生植物了。水生植物的叶片一般比较细、比较薄，叶子表面没有角质、也没有蜡，没有气孔、也没有毛，因为它们生活环境中的水分很足，不用担心会从叶片表面蒸腾水分；它们可能也会有露出水面的通气根——可以进行呼吸的根。另外，有些水环境具有很高的盐度，比如沿海的沼泽地，那里的植物（例如红树林）必须要具有很强的耐盐性，它们的细胞中会有浓度很高的物质，使得植物可以从咸水里吸收到水分，并通过叶片排出盐分。

如果是动物，为了适应干燥环境，体表会长有鳞片，以减少体表的水分散发；或者昼伏夜出，白天躲着睡觉，晚上才出来活动；有些动物的大肠可以吸收水分，从而尽量减少水分的流失。"说到这里，妈妈别有用心地看了一眼小狐狸菲克，"菲克，你知道吗？如果人们在沙漠里迷路了、或者在远海一时无法抵达海岸，但水喝光了，为了不很快渴死，他们甚至会喝自己的尿。"

小狐狸菲克很嫌弃地做出干呕的表情，说："如果是我，我才不会这么做呢，好恶心……还有啊，在沙漠里的人是因为没有水喝，喝尿还可以理解……可是在大海上，他们喝海水不就行了吗？"

"在那种环境里不喝尿，就会是第一批渴死的人。如果渴了不及时喝水，咱们体内细胞就会因为失水而变得干瘪。如果身体里很多细胞都干瘪了，那么各个器官也会衰竭，人就会死去。至于在大海上为什么不能喝海水，是因为海水的盐度实在是太高了。如果你渴了喝到这么咸的海水，你体内的细胞会加速失水，就好像细胞里的水被海水里的盐分吸走一样。"

"那么，妈妈，您不是说沿海沼泽地的红树林可以从盐分很高的水中吸收水分吗？为什么我们不可以？"

"咱们是动物，它们是植物，动植物的细胞结构不同。咱们动物的细胞里不仅没有那么高浓度的物质，也没有细胞壁，所以不仅不能失水，也不能吸收太多的水分，不然细胞会被撑爆。但是植物就不一样了，它们的细胞有细胞壁，就好像细胞有一层盔甲一样，可以保护细胞的安全。"

小狐狸菲克低着头不说话了，他觉得自己刚才建议喝海水真是傻，有点难为情。妈妈见状温柔地抚摸着菲克的头，温柔地说："菲克，现在你理解妈妈为什么要求你多喝水了吗？妈妈怕你白天渴了，不能专心学习。要是渴了不喝白开水,反而去喝那些很甜的饮料,对身体更加有害,有害程度虽然不比喝海水,但是的确对身体不好。"

小狐狸菲克下定了决心,说:"妈妈,我理解您了。不管其他同学带不带水壶,我都带。我一定听您的话,及时喝水。"

狐狸妈妈很高兴,连连说好。

几天之后,小狐狸菲克回家后告诉妈妈:"妈妈,现在我们班好几位同学都自己带水壶了,还有几位同学问我那个哆啦A梦水壶是在哪里买的,他们也想买。"

狐狸妈妈偷看了一眼狐狸爸爸,高兴地答应小狐狸菲克帮他找那个水壶的店家。顺便呢,她还可以再逛逛卖衣服或者卖面膜的网店呢!

空气中各种奇妙的味道
——大气组成及其生态作用

小狐狸菲克很喜欢下雨。每当下雨，他就爱大大地打开窗户，站在窗前深吸气，然后"哇"地感叹："好舒服啊！"

小兔子阿宝更喜欢晴天，但是她也不反感下雨，如果下雨时她正好跟小狐狸菲克在一起，她也会陪着菲克一起大呼小叫的。有时，他俩会特意跑到雨中的树林里，去找庞大的巨型蘑菇。这种蘑菇下往往躲着一些贪玩而粗心的小昆虫、小动物，它们只顾玩而没发现雨越下越大，等发觉雨大了也不敢再离开大蘑菇。小狐狸菲克和小兔子阿宝会帮助这些小昆虫、小动物回家，顺便认识一些新朋友。但是，爸爸妈妈不是总能允许他俩在雨天出门的。

小松鼠甜甜特别不喜欢下雨，也不喜欢晴天。据她说，下雨太湿，关节会痛；晴天太晒，皮肤会长斑。不过，她喜欢看着小狐狸菲克和小兔子阿宝蹦蹦跳跳、一惊一乍。她喜欢看着他们玩。

这天，小兔子阿宝和小松鼠甜甜来小狐狸菲克家玩。狐狸妈妈准备了好喝的鲜榨橙汁和刚出炉的蓝莓戚风蛋糕，乐得小朋友们"吱吱"笑。三个小朋友在一起看童话书、听音乐、下五子棋，玩得不亦乐乎。

突然，窗外刮起了很大的风。小狐狸菲克的耳朵立刻竖起来，跑到窗边向西看，不由得惊呼起来："你们快来

看呐，那边的乌云黑压压一片！"两个小朋友赶紧凑过来，"哇""呀"声不绝。

只见远在西边的地平线，正铺天盖地地袭来灰黑色乌云，部分贴近地面的云层呈现灰蓝色，仿佛吸饱了水汽。伴随这泰山压顶般乌云的，是强烈的大风，吹得很多树梢都呈 90 度弯曲，好像下一秒就要折断一样。天很快黑下来，即使关着窗，也能感到极度潮湿的冷空气。

"要下雨了，好开心噢！"小狐狸菲克大喊道，"妈妈，我的雨衣呢？我要去树林！"

狐狸妈妈摇摇头："菲克，今天的雨会很大很大，一会儿还会打雷，在树林里不安全，你们都留在家里陪妈妈，好吗？"

小狐狸菲克有点失望，但是他知道打雷时如果站在树下是极其危险的，因为有可能会被雷劈着，再说小松鼠甜甜也是一副不想出门的愁容，小狐狸菲克只好也放弃出门的想法，随后三个小朋友又玩成一团。

等雨停了，三个小朋友急忙打开窗，开始呼吸新鲜空气。

小兔子阿宝说："我好喜欢现在的空气，很清新，很清爽，可见空气中充满了水汽！我常在想，鱼在水里呼吸时是不是也觉得很清爽、很舒服呢？"

小狐狸菲克说："可惜鱼不会说话，不然我们可以问问它们。"

小松鼠甜甜问："空气里充满这么多水汽，咱们还这么呼吸，会不会让肺里也充满了水呢？"

小狐狸菲克说不准，就叫妈妈来解释。狐狸妈妈笑道："不会的，你们呼吸到的'清新'的感觉，并不是来自水汽，而是来自空气里的臭氧。至于那种'泥土的味道'，是源自土壤里一种放线菌或者蓝绿藻释放的土腥素。"

"什么？空气中有臭氧？是很臭的氧气吗？"小狐狸菲克问。

"借此机会，妈妈给你们讲讲大气的知识吧。"狐狸妈妈理了理思绪，开始讲述。

"地球的大气层 78% 的成分是氮气，21% 的成分是氧气，0.031% 是二氧化碳，其他气体的比例很小。其中跟动植物关系最紧密的就是氧气和二氧化碳。植物光合作用会吸收二氧化碳，释放氧气；动植物的呼吸作用则是吸收氧气，释放二氧化碳。

近几十年来，由于人类燃烧大量的矿石燃料，大气中二氧化碳、甲烷等气体成分多了，地面吸收热量的能力也就加强了，使得地球越来越热，形成'温室效应'。臭氧虽然是一种温室气体，但它更多的时候是以臭氧层的形式来隔绝紫外线、保护地球的。

在温室效应的影响下，南北极及一些高海拔地区的冰川融化，海平面上升，全球的气候也发生变化——一些原本干旱少雨的地区可能会变得更干燥或者下更多的雨，一些原本很湿润的地区降水反而越来越少。这些气候变化都会造成局部地区自然环境的改变。"

狐狸妈妈越说越伤感。她想起自己小时候的家，那时她在另一片大草原，春天鸟语花香，夏天郁郁葱葱，秋天瓜果肥美，冬天白雪皑皑——但是后来一切都变了：气候越来越干燥，草原还呈现沙漠化的趋势，很多动物都被迫搬家，狐狸妈妈一家人也是这一批搬家的动物。

小狐狸菲克看到妈妈那么难过，赶紧抱住妈妈，用自己的头顶蹭着妈妈的下巴。他想用这种方式让妈妈感受到自己的关心。

妈妈被小狐狸菲克蹭得痒痒的，不禁笑了。她抱着菲克，继续讲："不过呢，人类科学家也非常重视研究植物对二氧化碳的利用效率、植物的碳汇作用，并为此开展了很多实验研究。"

"哇，科学家们会做很多实验吗？妈妈在读研究生的时候也经常做实验吗？"小狐狸菲克记得妈妈有好几大本实验数据表，但是他看不懂。

狐狸妈妈笑了，她为自己做过很多实验而自豪："是啊！有机会妈妈和爸爸给你看一些照片，顺便也回忆一下爸爸妈妈在读研究生时的峥嵘岁月，哈哈……"

土壤像块巧克力蛋糕
——土壤的生态作用

　　小狐狸菲克要过 11 岁生日了。往年，爸爸妈妈都没有给他买蛋糕，因为怕他把牙吃坏。但是今年，狐狸妈妈买了个烤箱，并开始学习烘焙，这下菲克终于可以光明正大地吃蛋糕了，而且还是狐狸妈妈亲手做的低糖低油又健康的奶油蛋糕。小狐狸菲克好高兴，好期待。

　　狐狸妈妈最近非常迷烘焙，她自己又喜欢绿色、棕色和白色的搭配。她说看到这三种颜色组合在一起，就好像看到白雪覆盖着棕色土地和绿色森林，不由得回想起上研究生时去王朗自然保护区野外考察的时光。于是，狐狸妈妈给菲克做了个以可可味蛋糕为底、以抹茶淡奶油为顶、抹着一些白色奶油雪花的生日蛋糕。小狐狸菲克非常期待吃生日蛋糕，于是特地举行了个生日派对，并邀请了班级里全部的同学。有的小朋友是第一次来小狐狸菲克家，好奇地在各个房间窜来窜去参观。菲克的爸爸妈妈收藏了很多书籍，还有漂亮的标本和手绘图，非常吸引大家。

生日派对一开始就是疯狂的踩气球游戏，"噼里啪啦"吵得要死，但是大家都很开心。然后是拆礼物环节，大家给小狐狸菲克送的礼物也是五花八门：有送自行车的，有送小盆栽的，有送零食的，还有送智能手环的。小狐狸菲克喜欢每一件礼物，因为每件礼物都蕴含着送礼物人的一片心意。他向每个人表达了真挚的谢意，并深情地拥抱大家。不过他心底最喜欢的还是小兔子阿宝送来的一本相册，里面插满了他俩参加各种活动时拍的照片，那是他们满满的幸福回忆。

要吃蛋糕啦！大家拍着手，迎接狐狸妈妈的到来。

狐狸妈妈推来一个蛋糕，好大好漂亮，还燃烧着 11 支蜡烛。妈妈让小狐狸菲克许愿。菲克抱着小爪，虔诚地许愿，许完愿后急不可待地请妈妈切蛋糕。

一切开蛋糕，大家都惊呆了，只见咖啡色蛋糕里有各式各样的甜点：有细长的果丹皮丝，有各色的水果小丁，还有淡蓝色的糖浆和巧克力块。大家都不舍得大口吃，舔了一口又一口，左看看又右看看，夸赞个不停。

唯独小狐狸菲克看到这个蛋糕不由得皱起眉头，歪着头思考。猛然，他恍然大悟："妈妈，您这个蛋糕是照着土壤断层的图片做的吧？"

狐狸妈妈这个人啊，科学研究做得不错，艺术上真的缺乏点创作天赋。这不，她设计不出漂亮的蛋糕图案，突发奇想地去翻生态学课本，于是找了个土壤断层的图片当参考，做出来一个既漂亮又独一无二的蛋糕，本以为会被大家夸成"有天赋的厨师、艺术家"，没想到这么快就被孩子揭穿了。狐狸妈妈红了脸，不知道说什么好。

小兔子阿宝悄悄地走过来拉住狐狸妈妈的手："阿姨做的蛋糕就是漂亮，就是好吃。我们才不管是照着什么做的，反正我们从来就没见过比这个蛋糕更漂亮的蛋糕！"

小松鼠甜甜也赶紧说："就是，阿姨为了做这个蛋糕，肯定花了很多心思。"

小狐狸菲克这才意识到妈妈的尴尬，赶紧说："妈妈，对不起！谢谢您为我做的蛋糕！"

狐狸妈妈又高兴了，招呼大家坐下，说："大家一边吃蛋糕，一边听我讲这个蛋糕的原型——土壤的故事好不好？"

小朋友们欢呼声一片。于是，狐狸妈妈取来那副土壤断层的画，立在桌上，开始讲知识啦。

"宝贝儿们，你们看，这就是土壤的模型。看起来很奇怪，跟咱们平时看到的土壤不一样，对不对？平时，咱是站在地面，从上往下看土坑；而画这幅画时，则是在地上挖个深深的坑，然后跳进坑里观察这个土层的横截面。就像这幅图显示的，土壤包含固体的无机颗粒，还有有机物、水和空气。拿阿姨做的这个蛋糕来说，蛋糕就好比是土壤，那么果丹皮丝就是蚯蚓，水果小丁和巧克力块就是一些无机颗粒或有机物，淡蓝色的糖浆就是水。

什么叫无机颗粒呢？就是一些不含碳元素的小颗粒。什么叫有机物呢？就是含碳元素的化合物。这两个是什么概念呢？打个比方，咱们地球上的绝大部分生物都是含碳的，所以叫有机体——这个'有机'可跟'有机蔬菜'的'有机'不一样哈，'有机蔬菜'的'有机'指的是蔬菜生长和运输、销售等全过程都没有接触农药化肥，是种植过程非常健康环保的蔬菜。

土壤就好比'大地母亲'的皮肤。动植物在土壤上生活、生长，等它们死后就会被微生物分解，然后回归土壤。这么说来，土壤就好像是生命的依靠和归宿，尤其也是植物赖以生存的家。

既然谈到植物的家，我们不妨把土壤比作我们居住的楼房吧。土壤里面的无机颗粒和有机物就好比是我们家里的粮食，土壤动物就是我们，土壤中的水和空气相当于楼房里输送的水和无处不在的空气。

咱们这么一比方，就更容易理解土壤对植物的影响啦！土壤里的水分、空气、湿度、酸碱性、微生物等，可以分别理解为楼房里的自来水、空气、房间空气里的病菌细菌等。植物的根系在土壤里不断横向、纵向蔓延，就好像我们将自己居住的房屋不断加宽、加高；植物的根在土壤里汲取水分、氧气，相当于我们在房间里接取自来水饮用、自由呼吸；土壤里有着充足的养分，植物自然就能生长得更加枝繁叶茂，就好像我们居住的房子里囤了很多有营养、味道好的食物，我们也能成长得更加健康——这方面，咱们可以再对比一下热带地区的肥沃土壤和荒漠地区的沙土，显然热带地区的土壤上能生长更多、更枝繁叶茂的植物，而沙土上只有一些荒漠植物勉强存活着，是不是啊？"

狐狸妈妈讲得挺陶醉，但是却发现小朋友们没回应，定睛一看，这才发现他们都睡倒一大片了，只有小狐狸菲克和小兔子阿宝聚精会神地听着。狐狸妈妈收起土壤图，给每个小宝宝盖好被子，然后对小狐狸菲克和小兔子阿宝说："让大家先休息，妈妈带你们去看不同土壤的标本吧？"

小兔子阿宝跳起来，她最喜欢观赏标本。虽然标本是死的，但是它蕴含着很多很多的知识。

小松鼠甜甜的秘密
——种群的概念

一天，同学们正在认真听课，教导主任突然走进教室，给老师一沓卷子，并嘱咐了几句，老师就开始发卷子。

等大家拿到手一看，才发现这其实不是考试卷，而是一份调查问卷，调查每位同学的家庭信息。老师给孩子们解释，学校要大家如实汇报家庭情况，后期也会根据填表情况组织家访。老师强调，一定要填真实信息，不知道的可以立刻打电话问家长。

这下好了，教室里立刻乱成一片，到处都是叫爸爸喊妈妈的声音。尤其小孩子们的声音又嫩又尖，好像一群饿坏了的小鸟扎堆儿地叫唤。

小狐狸菲克一边给妈妈打电话一边填表，很快就填好了，而且他还是第一个填完的，于是洋洋得意地走上讲台交给老师。在回座的途中，小狐狸菲克无意中发现小松鼠甜甜的异样。别人都大大咧咧地填着表，甚至互相讨论该怎么填，唯独甜甜有点鬼鬼祟祟，还遮遮掩掩的，故意不让别人看到她的表格内容。

小狐狸菲克的好奇心一下子就被吊起来了，于是绕到小松鼠甜甜身后，偷偷地看她写了什么。这一看不要紧，小狐狸菲克被信息惊地"呀"了一声。小松鼠甜甜也吓了一跳，回头发现小狐狸菲克正在偷看自己的问卷，脸瞬时就气白了，眼泪也大颗大颗地掉出来。小松鼠甜甜抓起问卷就哭着跑出教室，老师带着小兔子阿宝等几位女同学赶紧去追她。其他同学则围住小狐狸菲克，问他究竟看到了什么。

小狐狸菲克被小松鼠甜甜的行为吓住了，一时没反应过来，就呆着没说话。过了好一会儿，小兔子阿宝单独回来了，眼睛红红的。她招手叫小狐狸菲克出教室，跟他单独谈谈。

小狐狸菲克紧张得手脚都有点不协调。他屏住呼吸地问小兔子阿宝："甜甜是生我的气了吗？她怎么哭了？"

小兔子阿宝还有点哽咽："甜甜的信息，你看了多少？"

小狐狸菲克先四处看看，确保旁边没人，然后小声说："我看到，甜甜其实不是松鼠，而是黄鼠，而且来自最穷的乡下。还有，她有7个姐姐，却没有爸爸。"

小兔子阿宝忍不住哭起来："甜甜刚才哭得很伤心，她不敢再回来上学了。其实，她一直都在遮掩真相，不敢告诉大家她的家庭情况，因为怕大家知道她的家境后笑话她。"

小兔子阿宝擦擦眼泪，接着说："在她很小的时候，她爸爸就去世了。她妈妈为了养活8个孩子，就离开乡下，来城里当保姆挣钱。甜甜的姐姐们也都很早就不去上学了，分别去挣钱，都是为了让甜甜能过上比较好的生活。甜甜从小就很自卑，也很敏感。为了不让大家笑话她，她就藏起尾巴，骗大家说自己是松鼠，因为她觉得松鼠比黄鼠高贵；为了让大家夸她漂亮，她总是缠着姐姐们给她打扮，有时候宁可几个月不吃早饭，也要省下钱买漂亮的头花和衣服。她渴望跟咱们在一起玩，但是又怕玩闹时说漏了嘴，所以她宁愿静静地坐在一旁，看着咱们玩。"

小狐狸菲克没想到小松鼠甜甜——哦，不对，现在是小黄鼠甜甜了——居然有着这么复杂而悲惨的生活，也湿了眼眶。他觉得甜甜很可怜，也很懊恼自己的行为伤害了甜甜。正当他在琢磨怎么跟甜甜道歉时，老师搂着小黄鼠甜甜回来了，身后跟着狐狸妈妈。狐狸妈妈今天刚好经过学校，看到"小松鼠"甜甜哭着跑出校园，赶紧拦住她。后来见到追上来的老师，问清什么情况后，狐狸妈妈有了主意。她特意来班里，给全班同学讲一次生态学知识。

"同学们，我是小狐狸菲克的妈妈，也是一名生态学博士。今天呢，我想占用大家一点时间，讲一讲生态学中'种群'（population）的故事。等我讲完这个故事，我相信大家会对周围的动物和植物有更多了解。

'种群'就是指一段时间内，在一个地方生活着的同一个物种的所有个体。怎么理解呢？打个比方，10年间，在咱们这个大草原上生活的所有的黄鼠就是一个种群。

我们为什么要说种群呢？因为种群是研究各种动植物很重要的一个单位，生态学家很重视'种群'这个概念。'种群'是生物群落的组成单位，也是动植物进化的单位。生态学家研究动植物的进化都是研究动植物的种群，而不是直接研究单独的个体。

'种群'有三个特征：一是占据着一片区域，二是单位面积（比如一平方千米）上个体的数量是不断变化的，三是一个种群的动物或植物拥有一个共同的基因库，不过随着动植物数量的波动，这个基因库里的基因也是不断变化的。比如，一个动物种群里，会有新生宝宝的出生，也会有年老动物的死去，这些动物个体的数量是不断变化的，而且总会出现有的基因消失了、又有新基因产生了的现象。"

狐狸妈妈为什么要讲"种群"的概念和特征呢？其实她是想传达所有动物都是平等的理念。

"每一种动物或植物的种群，都在地球上经历了或短或长的进化，都是适应环境变迁的勇士，因此每个物种都是勇敢而坚强的成功者。没有哪个物种是高级的或是低级的，每个物种都有它美好的一面，也有它'恶劣'的一面。比如人类有的爱护自然、善待动物，但是也有的人类可以为了短暂的利益而毁掉大自然。

今天，咱们都来说说真心话，向彼此坦白一下自己的优点和缺点，好吗？这样以后我们就可以更好地互相帮助，更好地做朋友。大家可以先说缺点，然后加个'但是'，再说自己的优点。

比方说：我是狐狸妈妈，缺点是一着急就容易发火，我以后一定要改正我的坏脾气。但是，我的优点是懂得很多生态学知识，并积极地将生态学知识应用到生活之中。好，下一位同学。"狐狸妈妈指了坐第一排的一个小同学，"从你开始吧。"

"我是小刺猬，我的缺点是总帮倒忙，有一次把妈妈买的葡萄都扎破了。但是，我的优点是爱帮妈妈做事。我以后干家务时一定会又细心又耐心。"

"我是小海狸鼠，我的缺点是吃得多又不爱动，所以身体肥肥的。但是，我的优点是不挑食，妈妈说不论我多胖她都爱我！"

"我是小浣熊，我妈妈说我看到发光的钱币就走不动道。但是，我的优点是可以在 1 分钟之内数完 200 枚硬币。"

……

小动物们没玩过这种游戏，玩得都很开心、坦白得也很直率。到了小黄鼠甜甜，她好像也有了勇气，握紧拳头说："之前怕大家笑话我来自乡下，所以我一直欺骗大家说我是小松鼠，其实我是小黄鼠，我家很穷……但是，我很漂亮，我妈妈和我 7 位姐姐都很漂亮，曾经有摄影师给我们拍照，照片刊登在一本很有名的杂志上。"小黄鼠甜甜说完，脸上又浮现出自信的笑容。

台下响起了热烈的掌声，小黄鼠甜甜笑得更甜美了。她跑向狐狸妈妈，紧紧地抱住了她，眼睛里闪动着感激的泪花。小黄鼠甜甜觉得好舒服好自在，仿佛自己一下子从一个无形的枷锁里解脱出来了。

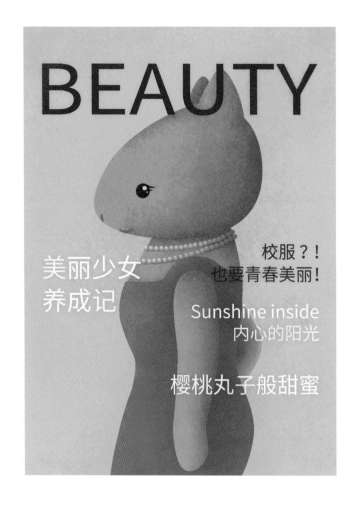

BEAUTY

美丽少女
养成记

校服？！
也要青春美丽！

Sunshine inside
内心的阳光

樱桃丸子般甜蜜

小鹿斑斑的大家族
——种群动态

小狐狸菲克接到了一个会让他兴奋到几天睡不好觉的电话：小鹿斑斑要回来了！

曾经，小狐狸菲克、小兔子阿宝和小鹿斑斑是最要好的朋友，好到从来都是形影不离、患难与共。但是后来，小鹿斑斑的爸爸要去北极工作几年，就带小鹿斑斑和妈妈离开了这个地方。小狐狸菲克和小兔子阿宝都很想念小鹿斑斑，虽然能互相打电话，但是明显感觉很不方便，因为电话里总聊不尽兴。前几天，大家还一直认定小鹿斑斑肯定是还要好几年后才会回来，没想到他就在电话里明明白白地说"我下周就回去啦！"

"回来后还走吗？"小狐狸菲克问。

"不走啦，我们回去定居啦！"小鹿斑斑大笑道。

　　小狐狸菲克简直要高兴疯了，第一时间跑去告诉小兔子阿宝。他都不想在电话里说，因为他知道阿宝一听到这个好消息肯定会激动地死死抱住自己。

　　过了极其漫长的一周时光，小鹿斑斑如约回到了这片大草原。三个小伙伴又重逢啦！不过，现在他们是四人组合了：小狐狸菲克、小兔子阿宝、小黄鼠甜甜、小鹿斑斑。

　　小鹿斑斑明显瘦了。据他说，这次跟家人去北极，是因为鹿爸爸参加了一个科考行动，小鹿斑斑也作为科研志愿者参加了不少野外考察活动。小狐狸菲克问他是什么科考行动，小鹿斑斑不由得大笑："你们知道吗？这次是跟人类一起合作，调查我们家族在北极的种群信息。"

　　"'种群'？这是生态学中的词语。你们这次是参加生态学科考活动吗？"小黄鼠甜甜问。

　　"是哒！人类想知道我们家族的种群有多少个体，有着怎样的分布范围和特征，种群内个体的数量是如何变化的，还有为什么会这么变化。"小鹿斑斑开始介绍他经历过的科考活动了。

　　"人类为了研究动物的种群密度，也就是某个动物种群里个体的数量，一般会在野外直接调查，当然，也有的会在实验室里研究假说或者制作数学模型。

如果是在野外调查，他们会使用样方法和标记重捕法。

样方法，是圈出一个区域作为样方，然后在这个样方里调查动物个体数量。由于合适面积的样方具有'一斑窥全豹'的功能，因此在这个样方里调查到的动物个体数量可以用来估计整片区域的该物种的种群数量。

那么，标记重捕法呢？就是先在这片区域捕若干只动物，做好标记，然后放归它们，一段时间后再捕同样数量的该种动物，看看这些动物中多少个体是之前被标记过的，那么算出来的比例也可以用来推算这片区域的种群数量。

人类还制作出密度增长模型，用来预测某个种群的数量变化。如果种群数量变化呈'J'型曲线，那么这个种群的密度还处于快速增加的时期。但是一般来说，随着时间的推移，由于种群中个体的数量越来越多，而所需要的空间和资源有限，种群密度曲线就会变成'S'型并且种群密度趋于稳定，所以'S'型也称为'稳定型'。

一般来说，不同动物的种群密度变化是不同的。有的动物个体小、寿命短，还繁殖得很快，它们的密度变化就会很不规律；有的动物种群密度具有周期性变化的特征，这一般发生在捕食者和被捕食者之间，比如，猞猁吃兔子，兔子数量下降，那么过一段时间，由于兔子少了，有些猞猁饿死，兔子的捕食者也

就变少，另外，由于没有太多的兔子来吃草，草的数量因而上升，兔子的数量随即增加。像这样的变化周期一般是10年，也就是说，兔子种群数量从减少再到增长起来，差不多需要10年时间。"

小鹿斑斑说到这，发现小兔子阿宝脸煞白，赶紧安慰她："对不起哦，阿宝，我只是举个例子，咱们这里这么文明，不会发生食肉动物大肆捕食食草动物的杀戮行为。"

小兔子阿宝往小狐狸菲克身边挤了挤，想找点温暖。小狐狸菲克紧紧搂住阿宝，让小鹿斑斑继续讲。

"有的生物种群数量是会突然爆发的。比如，当水体富营养化、也就是水中营养物质突然变得很多时，有些藻类的数量会在短时间内增长非常非常多，有可能形成赤潮。赤潮发生时，水面会形成一条很长很宽的红色带状区域，并伴随着鱼类的大量死亡——因为缺氧。

最后，我想给你们讲个人类的秘密，是我从人类那里偷听到的。"小鹿斑斑很严肃地说，"人类在世界各地活动时，有意无意地引进了很多异地物种，造成很多地区发生了生物入侵。本来外来物种迁入没那么可怕，但有些物种在当地由于缺乏天敌而肆意繁殖，就会破坏环境，甚至破坏生态平衡。"

"是吗？人类怎么这么不负责任，他们是地球的主宰者，却并不好好地保护这个世界！"小狐狸菲克很愤慨。

"人类的思想比我们复杂多了，他们中有破坏分子，也有环保主义者。我们这次追随的就是一批动物生态学家，他们研究动物种群就是为了更好地保护动物。"小鹿斑斑微笑着说，"我们要接受现实中的假、恶、丑，但是我们更要相信现实中存在着很多的真、善、美。"

"为了小鹿斑斑最后这句伟大的发言，干杯吧！"小黄鼠甜甜假装举着酒杯。

四只握成团的小爪，紧紧地挤在了一起。

一场可怕的劫难
——种群调节

在小狐狸菲克生活的世界的最南边，在那片大海边，耸立着一座高而陡峭的悬崖，悬崖上坐落着一座小小的庄园，里面住着羚羊伯爵一家。羚羊伯爵是一位有名的慈善家，捐助了很多家孤儿院和养老院，颇得大家的尊敬。他曾经去小狐狸菲克所在的城市，跟斑马市长洽谈过本市慈善事业的发展。此次会晤还上了地方新闻，

小狐狸菲克看过，他被羚羊伯爵的高尚品格深深感动着。

因此，当狐狸妈妈说到羚羊伯爵去世的消息时，小狐狸菲克明显地显露出震惊和悲痛的表情，仿佛一位熟悉的长辈去世了。

狐狸妈妈补充说："奇怪的是，不仅羚羊伯爵去世了，他那个庄园里的所有羚羊都相继死去，但是并没有任何显示凶杀或自杀的证据，这在当地成为了一桩奇案。"

"当地所有的羚羊都死了吗？"小狐狸菲克问。

"都死了，因为当地的羚羊都居住在伯爵的庄园里，他们是一个种群。"狐狸妈妈伤感地说。

"妈妈，那您认为是谁杀死了羚羊伯爵的所有族人呢？"小狐狸菲克害怕地问。

狐狸妈妈不了解确切信息，也不好妄加揣测。她只能借助生态学中类似的案例来猜测。

"很多因素都会影响（或者说'调节'）生物种群的密度，这些因素统称为密度限制因子，比如，洪水、天雷、天敌、流行病、寄生虫等。生态学家们也没有统一的认识，说不清楚生物种群密度究竟是受外部条件（比如，气候、生物等）影响更大，还是受内部条件（比如，动物的行为、内分泌、遗传作用等）

影响更大。

妈妈听说过黄鼠集体自杀的新闻。在一些地区，每隔一段时间，就会发生黄鼠的大规模自杀行为，这个现象至今无人能解释清楚。但有专家分析可能是因为黄鼠们感染了某种传染病，所以选择集体跳海。"

"妈妈，那么羚羊伯爵他们也可能是因为感染了某种传染病吗？他们的庄园离海很近，也是都投海了吗？"小狐狸菲克怕怕地问。

"这样吧，咱们还是别瞎猜了，等等新闻的报道吧。"狐狸妈妈安慰着小狐狸菲克。

"妈妈，咱们这里也会大规模传播某种传染病吗？"小狐狸菲克依靠着妈妈，小心翼翼地问。

"不会的！咱们已经跟荒蛮的野生环境隔离开了。这里干净整洁，大家生活习惯又非常文明，是很安全的。"狐狸妈妈坚定地说。

小狐狸菲克想告诉妈妈小鹿斑斑说过的生物入侵的事，但又犹豫了。他想相信斑斑和妈妈，相信他们所在的这个世界是很安全很美好的。

灾难开始了
——集合种群

　　狐狸妈妈才说服小狐狸菲克这个世界很安全没几天，电视台就报道了一条可怕的新闻：羚羊伯爵整个家族是因为感染了一种可怕的病毒所以集体死亡的。更可怕的是，这种病毒现在已经扩散到了很多地区，造成入侵地很多种动物的灭门式死亡。新闻强调，各地的动物都要加强戒备，勤洗手勤洗澡，不要喝生水，不要吃生肉，尽量不要出远门，出现异常发热一定要及时就医。

　　又过了几天，电视台发布红色预警，要求加强警备，严格限制外来物种进入本区；各学校、各单位停课、停工，让学生、员工们回家休假，超市给大家提供充足的食物储备。这样，大家可以各自在家闭门不出，度过一个孤独而漫长的"假期"，直到电视台宣布红色预警解除。电视台强调：一定不要接待来自大草原对面的动物，因为那里是离我们最近的病毒感染区。

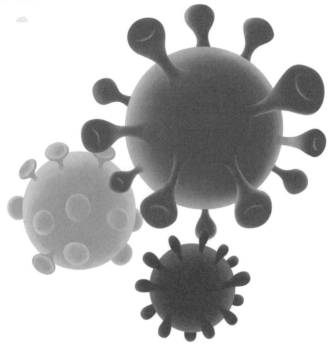

不去上学了，小狐狸菲克刚开始很高兴，但待家里时间长了，也不免开始烦躁。小狐狸菲克想念他的同学们，尤其想念他的好朋友们，但是好朋友们也都不被允许出门，大概是怕接触到外来的病毒携带者。

不去上班了，狐狸爸爸和狐狸妈妈倒是挺悠然自得，他俩看看书、下下棋、品品茶、看看电影，一点也不无聊。

不过不久之后，这种宁静的生活氛围还是被打破了。这天，狐狸爸爸接到一个电话，一个让他很是发愁的电话。接电话时，狐狸爸爸就支支吾吾；放下电话后，他干脆唉声叹气起来。

狐狸妈妈忙问："谁来的电话，怎么回事？"

狐狸爸爸回答："你还记得在草原对面有我家一个亲戚吗？刚才就是他来的电话，他说他要来咱们这边，但没说为什么来这里。你知道的，这两天刚报道过，草原对面病毒猖獗，已经毁灭了好多个家庭了！"

狐狸妈妈一下子变得很紧张，盯着狐狸爸爸，一字一句地问："你是怎么回应的？"

狐狸爸爸担忧地说："我只能说现在各处都戒严，恐怕他们是来不了咱们这里。但是我那个亲戚说他有一张'集合种群卡'，只要是本种群的狐狸所居住的地方，不论是哪里他都能去。也就是说，警察根本无权拦住他。"

"天哪，那张卡！"狐狸妈妈大叫一声，瘫坐在地上。

"什么是'集合种群卡'？"小狐狸菲克没意识到形势的严峻性，好奇地问。

狐狸爸爸无力地解释道："本来种群指的是一个物种在一段时间内一定区域内的所有个体。但是当一个种群被地形条件分割成几个小群体，并且小群体之间互相有联系时，它们还可以算作一个集合种群。每个小群体的动物数量会波动变化，但是整个集合种群的动物数量是基本稳定的。

　　每种动物的种群都会有几张'集合种群卡'，放在德高望重的长者那里，方便哪天联系其他群体的族人时使用。不知道我这个亲戚怎么会搞到这张万能通关卡的。"狐狸爸爸叹口气说，"要在平时也就罢了，现在可是极度危险期。"

　　小狐狸菲克现在开始有点懂了。他看到爸爸妈妈吓得哆哆嗦嗦，自己也躲到房间里去了。他给小兔子阿宝打电话说，他家要来一位很可怕的亲戚。

神秘的不速之客
——物种的自然选择与遗传漂变

　　这一周过得真是太漫长了。电视台仍然没有解除红色预警。动物们都人心惶惶，待在家里也并不开心。尤其是小狐狸菲克一家，心总是提到嗓子眼，任何电话或者敲门声都能吓他们一跳。如果新闻报道哪里又有什么动物感染了那种病毒，狐狸妈妈和狐狸爸爸就会心照不宣地看对方一眼，叹口气，仿佛自己家就要成为下一户倒霉蛋一样。每天晚上，狐狸爸爸和狐狸妈妈都辗转反侧，难以入睡；白天俩人都顶着黑眼圈，守在窗边，心神不定地望着道路远方。

　　晚上睡不着、白天不敢睡，这样的生活作息迟早会拖垮两只身体本就不甚健壮的狐狸。这不，一天，狐狸爸爸和狐狸妈妈终于熬不住了，双双呼呼地睡起懒觉来，连太阳晒屁股了都没醒。

　　但是小狐狸菲克一直睡眠状况很好，所以他依旧保持早起的好习惯。他没有叫醒爸爸妈妈，而是自己去热牛奶、吃面包，然后在家门口玩——要是爸爸妈妈醒着，不会允许他自己出来玩的。

小狐狸菲克正玩在兴头上，突然看到从远处驶来一辆黑色小轿车。小轿车在小狐狸菲克好奇的关注下停住，从车上走下来一只风度翩翩但是戴着"防毒面具"、一身医生（科学家）打扮的公狐狸，站在小狐狸菲克面前。菲克抬头望着这位伯伯，猜测他究竟是爸爸妈妈说的那位神秘客人还是附近某医院的医生。

狐狸伯伯看着小狐狸菲克望着自己不说话，笑了："孩子，你爸爸是叫麦克斯吗？"

小狐狸菲克犹豫了。究竟该不该告诉这位陌生人家里的情况？爸爸妈妈以前教育自己不要跟陌生人说自己家里的事情，如果没有爸爸妈妈的同意也不能要陌生人的东西，更不能随便跟陌生人走。

狐狸伯伯见小狐狸菲克不吱声，料想这孩子有点戒心，于是就换了个问题："你爸爸妈妈在家吗？"

小狐狸菲克还是不敢回答。爸爸妈妈在睡觉，他肯定不能如实告诉这个伯伯。菲克听妈妈说过一个可怕的案例，有的人贩子会乘家长不在身边，扛起小孩子就跑。因此，菲克觉得有必要骗骗这个陌生人，于是说："我爸爸妈妈就在附近，马上就回来。"

"好，那我在这里等他们。"狐狸伯伯四处打量一下，发现到处空荡荡的，就说，"要不咱俩聊会儿天，边聊天边等他们。"

小狐狸菲克点点头，问："您是从哪里来的？来这边做什么？"

狐狸伯伯拿出一张

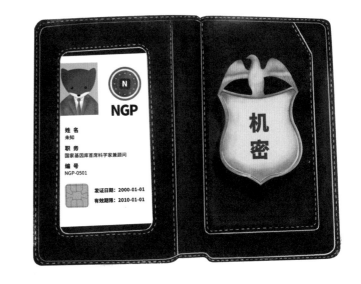

名片给小狐狸菲克看。小狐狸菲克根据这张名片的介绍，知道了这位伯伯是国家基因库的首席科学家兼顾问。

"我是专门研究基因库的科学家，最近在做一项工程的准备工作，就是收集咱们狐所有种群内所有个体的基因，未来国家将针对各个物种的基因库开展研究。"

"我知道基因是生物的遗传因子。那么基因库是基因的仓库吗？您研究这个有什么意义呢？”小狐狸菲克好奇地问。

"我如果直接给你说研究基因库的意义，那你可能就听不懂了，不如我先给你讲解一下物种（species）的概念吧。”狐狸伯伯说，“物种是指分布在一定的自然区域内，具有一定的外形、结构和生理功能，而且在自然状态下能够相互交配和繁殖，并能够产生可育后代的一群生物个体。好比狼就是一个物种，羊是另一个物种。”

"您说的‘物种’的概念怎么跟‘种群’的概念有点像呢？我知道种群是一段时间内同一地点的同种生物所有个体的集合，那么‘种群’跟‘物种’有什么区别呢？”小狐狸菲克问。

"看来你了解一些生态学知识，那咱们交流就通畅多了。”狐狸伯伯愉悦地答道，“简单来说，‘物种’比‘种群’的概念大多了。物种是由生物圈中所有种群组成的，种群中的所有个体肯定属于一个物种。

现在再说说‘基因库’。种群内所有个体的基因的总和就构成了这个种群的基因库。研究基因库，我们可以了解这个种群的基因有哪些共同点、有哪些不同点。正因为一个种群里不可能会有两个基因完全一样的个体，因此世上也不会有两只外观完全一样的狐狸。

你应该知道自然选择吧？自然选择的基础就是变异。试想，如果个体或者群体都不发生变异，那么大家在存活能力和生育能力等方面都没有变化，何来的进化动力呢？"

小狐狸菲克问："物种就是靠自然选择来进化的吗？"

"不全是。自然选择和遗传漂变是两种进化动力。刚才说了自然选择，现在来说说'遗传漂变'吧。'遗传漂变'可不是个好词，极端点说，它就像是拔三毛头发一样残忍（头发本来已经没几根了）。举个例子，当一个种群因为某种灾害导致种群数量急剧下降、开始进入'瓶颈'期时，如果这个种群的数量一直不能恢复，就会由于遗传漂变的作用，一些基因将随着个体的死亡而从这个种群中永远消失。遗传漂变在小种群中的作用非常显著，在大种群中的影响力相对小一点。"

小狐狸菲克听得很陶醉，情不自禁地说："看来您真是一位科学家。我之前还以为您是来自大草原那边的病毒疫区呢。这些天因为有个亲戚要从那里来，我爸爸妈妈都睡不好觉。"

狐狸伯伯一愣，问："为什么怕他来？怕他带来病毒？"

小狐狸菲克天真地说："对啊，那个人自己说的，他的很多邻居都感染病毒了。"

狐狸伯伯意识到自己被嫌弃和抵制了，于是又好气又好笑："孩子，你告诉你的爸爸妈妈，那个人'自惭形秽'，不会来你家了。另外，你也告诉他们，这个病毒只传播给偶蹄目的动物，咱们狐狸是不会被感染的。"

狐狸伯伯气呼呼的，但是想了想，他又说："其实你爸爸妈妈这么担心也是有道理的，我相信他们主要还是担心你的安危。孩子，你要记得，这世上最在乎你、最爱你的就是你的爸爸妈妈，所以你要好好地爱他们啊！"

小狐狸听得懵懵懂懂，然后看着狐狸伯伯上了车、离开了。

又过了一周，电视台公布了最新研究进展。正如狐狸伯伯所说，这场病毒主要攻击的是偶蹄目动物，比如，羚羊、牛、鹿、骆驼等。狐狸爸爸和狐狸妈妈很惭愧自己没有招待好那位长辈，但是狐狸伯伯毕竟是听了小狐狸菲克的"实话"后生气离开的，他俩觉得还是有必要给孩子说点什么。

狐狸妈妈叫来小狐狸菲克，温和地说："菲克，每个人或多或少都会有些小毛病。即使是爸爸妈妈，有的时候也有私心，会有一些不妥当的言行和情绪，这都是人之常情。作为家庭成员，咱们把彼此的小缺点、不礼貌的言行举止都当成家庭内部的小秘密，不要告诉外面的人，好吗？"

小狐狸菲克点点头："嗯，咱家的秘密，我跟谁也不说。"

孤岛上的恐龙
——物种形成

在许多位医学家的联合研制下，对症的病毒疫苗横空出世，挽救了无数动物，世界又恢复了平静。学校开课了，工厂开始运转，各个单位机构的员工也开始上班，小狐狸菲克也和好朋友们团聚了。而且，因为好久没见，每个人都有好多新鲜事要告诉彼此。

小兔子阿宝告诉大家，她有个叔叔一直在研究恐龙，最近在太平洋中心新发现了一个孤岛，上面生活着一群特别的动物，是史前恐龙留存至今的后代。小兔子阿宝还找叔叔要来了几张照片，神秘兮兮地拿出来给几位好朋友看，并说："不要外传噢！"

这几张照片都是无人机航拍的。只见在茫茫大海之中，有一座孤岛，岛上有很多石头山，岛中央还有个湖，聚集着好几种恐龙，有像巨型鸭子的，浮在水面游泳；有的像丑陋的大海豚，跃出水面时被抓拍到了；有的围在水边，样子像大犀牛。

小朋友们津津有味地看着，一边指指点点。放学回家后，小狐狸菲克问妈妈："妈妈，为什么大家都说恐龙灭绝了？今天阿宝给我们看了几张照片，太平洋有个孤岛上好像还有恐龙。"

"是吗？"狐狸妈妈很讶异，"是什么样的恐龙？"

小狐狸菲克给妈妈形容了一番。

狐狸妈妈猜测说："听你这么形容，跟咱们在书本或者电视上看到的史前恐龙都不太一样，也许它们是史前恐龙留存至今的后代。不过经过了这么多年，它们已经进化成新的物种了。"

"妈妈，究竟怎样能出现新的物种呢？"小狐狸菲克问。

"新物种的形成一般需要三个步骤：地理隔离、独立进化、繁殖隔离机制的建立。也就是说，先是在地理位置上就跟过去的家族完全隔离开，大家互不往来；之后，这些被隔离出来的个体要独立适应新环境，慢慢地进化；经过很长一段时间之后，这些个体成为新的物种，这方面的判断依据就是，它们不能再和旧种群里的个体生儿育女了。

孤岛是一种很适合形成新物种的环境，但大陆上也有很多地带能够形成新

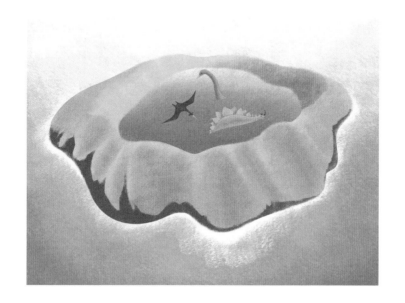

物种，只要种群选择了不同的栖息地、食物，适应了不同的生态条件，就会慢慢发生分化。像这样有着共同的祖先，但分化成不同类型以适应各种生活方式的现象，就叫适应辐射（adaptive radiation）。"狐狸妈妈讲道。

小狐狸菲克觉得大自然真神奇，竟然有进化这样奇妙的现象。他想求爸爸帮忙找个讲动植物进化历程的纪录片，好让自己能补补这方面的知识。

不完美的世界
——生活史对策

狐狸爸爸下个月要出差了，可能要半个多月才能回来。狐狸妈妈很不高兴，她不喜欢狐狸爸爸出差；小狐狸菲克也很不高兴，他希望爸爸每天都能在家陪着自己。狐狸爸爸理解老婆、孩子的心情，于是有针对性地给予了安抚：给老婆买了几张火锅代金券，而且是可以在家里吃的火锅外卖；给孩子买了一套《动物世界》DVD，争取自己出差前陪着菲克看完。如此，狐狸妈妈和小狐狸菲克心里才好受了一丁点儿。

这天晚上，一家人在电视机前支起圆桌，一边吃火锅一边看《动物世界》。狐狸妈妈吃起火锅来，经常进入"两耳不闻窗外事，一心只吃麻辣锅"的状态，所以讲解的任务主要还是落在狐狸爸爸身上。讲解一开始，狐狸爸爸就给小狐狸菲克介绍了一个名词：生活史（life history），指生物从出生到死亡所经历的全部生命过程。生活史对策（life history strategy），也叫生态对策（bionomic strategy），则是指生物在生存斗争中获得的生存对策。

"在野生环境中，不同生物的生活史差别会很大，比如，大象身体很大，可以活几十年，但是有些鱼很小，最多活几天；大马哈鱼一辈子就繁殖一次，但是很多动物一生可以繁殖很多次，老鼠甚至可以做到一个月生一窝崽。动物们各种各样的繁殖特征也是进化的结果，它们需要在'生很多小个头的后代'还是'生少量大个头的后代'之间选择，因为一个母亲体内的能量有限，她在生殖方面所分配的能量也是有限的，需要进行'能量分配'（energy allocation）。"

DVD开始播放一群小鸟站在一只大象身上的画面，并且说到这种小鸟的存活能力比大象低很多。

"小鸟和大象在适应自然选择的过程中，形成了不同的生殖对策，分别是 r 选择和 K 选择。

r 选择的动物的个头往往很小，它们为了适应变幻莫测的气候，在漫长的进化过程中，具备了如下的特征：一次能生好多个宝宝（繁殖力高），后代死亡率高（存活能力低）但崽子们发育很快，而且种内或种间竞争的强度不大（再竞争也不至于你死我活）。

K选择的动物一生可以生育好几次，一胎所含的后代数量少、发育较慢，但小崽们大多都能活下来（存活力高），只是它们之间存在激烈的种内或种间竞争，一斗起来就可能伤筋动骨、头破血流，甚至杀死对方。"

"那么，爸爸，植物也是分为r选择和K选择的吗？"小狐狸菲克问。

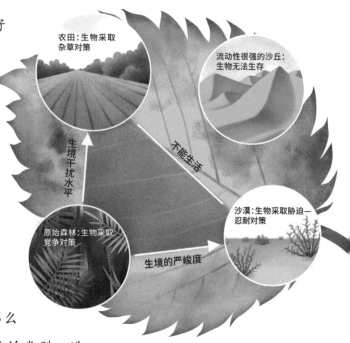

"植物的生活史不像动物的那么激烈，但是它们也会针对所在生境的类型，进化出适宜的生存对策。人类生态学家J. P. Grime用CSR三角形把植物的生境划分成四种类型，与之对应，植物也分别具有四种生活史对策：

①如果是在低严峻度、低干扰的理想生境，那么那里的植物就选择竞争对策（C-选择），提高自身竞争力；

②如果是在低严峻度、高干扰的生境（比如，农田），那么那里的植物就选择杂草对策（R- 选择），提高自身繁殖力；

③如果是在高严峻度、低干扰的生境（比如，沙漠），那么那里的植物就选择胁迫—忍耐对策（S- 选择）；

④如果是在高严峻度、高干扰的生境里（比如，流动性很强的沙丘），那么植物无法存活。"

小狐狸菲克静静地听着，半天没有说话。过了好一会儿，他说："爸爸，我越来越听不懂了，但是我突然觉得动物们都没有完美的。就算大象很强大，谁都不怕，但是它一辈子可能也生不了几个孩子，而且万一有一天它们死了很多同伴，可能很长一段时间内都只有这么几十头大象了；而小鸟呢，虽然一次性可以下好多蛋，还能到处飞，但是死得多，也是很凄惨的场景。为什么没有哪个物种是既具有高繁殖力又有高存活力的呢？"

狐狸妈妈停下了咀嚼，含糊不清地说："菲克，你想想，这个世界是大家的，如果真有这么完美的物种，岂不是要雄霸天下了？"

"不，人类就是这么一种完美的物种。"狐狸爸爸悠悠地说。

听到狐狸爸爸这么说，狐狸妈妈和小狐狸菲克都赞同地点了点头，狐狸妈妈补充说："因为科学的力量。"

要研究人类的处世习惯
——种内关系与种间关系

狐狸爸爸出差了，为期2周零3天。狐狸妈妈和小狐狸菲克在日历上标记好狐狸爸爸回来的日子，每天都算算还有几天爸爸回来。小狐狸菲克想爸爸的时候就想给他打电话，但是打不通。妈妈解释说爸爸在开世界动物代表大会，手机信号统统都被屏蔽了。

2周零3天后的那个周五终于到来了。这一天，小狐狸菲克上课听得格外认真，因为他心里总是甜甜的。

放学回家后，小狐狸菲克顾不上跟朋友们聊天，一溜烟跑回了家。狐狸妈妈也提前下班，跟狐狸爸爸一起准备了一大桌好吃的。小狐狸菲克一进门就扑到爸爸怀里，嚷道："爸爸你终于回来了，我好想你！"

"爸爸也想你和妈妈啊！"狐狸爸爸搂着小狐狸菲克，又指指自己的行李箱，"快去看看爸爸给你带什么礼物回来了！"

　　小狐狸菲克赶紧跑去翻包。他从行李箱里拖出来一捆新书，还散发着油墨的香味。这是一套书籍，正面写着书名《三国演义》。

　　"爸爸，这是人类出的书吗？讲什么的？"小狐狸菲克对人类的世界很好奇。

　　"讲人类世界的争斗。人类内部的斗争比大自然中各物种之间的斗争还要激烈，甚至可以说是有过之而无不及。"狐狸爸爸感慨道，"我们这次开世界动物代表大会，点名要研究这套书。咱们既然要和人类和平共处，就必须习惯他们的处世习惯。"

小狐狸拆开包装，翻了翻，又合上了。他跑回爸爸身边："爸爸，我还是喜欢您讲大自然的故事。不过，人类内部的斗争为什么会那么激烈呢？"

狐狸爸爸想了想，说："人类的世界，爸爸也没完全弄懂，但是爸爸可以给你讲讲生态学中的种内与种间关系，你可以借以参考。"

"好！我最喜欢爸爸妈妈讲生态学知识了！"小狐狸菲克高兴地坐下，急不可耐地催爸爸，"爸爸快讲吧。"

"生物圈中的种内关系可以分为竞争、自相残杀、性别关系、领域性和社会等级等。举例来说，在草原狼的种群内部，当食物不是很充足时，它们会互相竞争以吃到更多的肉，它们争斗起来时会自相残杀，直到一方退让；母狼和公狼之间，一般一只公狼可以有好几个老婆；狼群有着明显的领域性，狼王每天都会在自己的领域内巡视，必要时撒泡尿标记一下，告诫外来的狼——这是本大王的地盘；狼群内部也有着严格的社会等级，这个等级都是它们跟彼此打斗之后争取来的，谁厉害谁就排在社会等级上层。

生物圈中的种间关系则包括竞争、捕食、寄生和互利共生。我们举个兔子的例子吧。兔子和羊都吃草，它俩构成了竞争关系；狼吃兔子，所以兔子和狼是捕食关系；有的兔子身上会有寄生虫，这些寄生虫完全依赖兔子给它们供给养分，它们之间是寄生关系；兔子有时可以跟黄鼠构成互利共生的关系，它们有着共同的天敌（狼、鹰等），可以给彼此放哨，发现危险马上报警。

植物也有着类似的种内或种间关系，但比动物的关系网简单：植物间也存在竞争关系，可以竞争光照、水分、养分，也可以存在寄生关系，一方受益，另一方受害；有的植物可以通过释放有毒有害物质，使得附近的其他植物遭到影响，这也叫化感作用（allelopathy，也叫异株克生）。"

"爸爸，我发现植物比动物简单、动物比人类简单。那么，我们可以从动物的处世方式来推测人类的处世方式吗？"小狐狸菲克问。

"的确不能，所以我们需要学习人类的书籍、观看人类的电视电影，其中最好的学习素材就是人类自己研究自己的结论，比如，心理学的书籍。以后爸爸还会给你推荐几本人类编写的心理学著作。"

"好了好了，聊完没，我都吃饱了。"狐狸妈妈催促道，"先讲到这里吧。来，为了庆祝爸爸出差回家，干杯！"

"为了爸爸给我讲精彩的知识，干杯！"小狐狸菲克也举起酒杯，不过他的酒杯里不是葡萄酒，而是葡萄汁。

"为了我最爱的老婆孩子，干杯！"狐狸爸爸幸福地说。

我们没有谈恋爱
——性别生态学

　　小狐狸菲克是一个爱交朋友的孩子，但是无论他交多少新朋友，最要好的总还是那几个：小兔子阿宝、小黄鼠甜甜、小鹿斑斑。巧的是，这四个形影不离的好朋友正好两男两女，于是随着孩子们岁数的增长，开始有传言他们四个在两两谈恋爱。加之每个班级总会有那么几个不仅捕风捉影还特别爱在背地里说人坏话的快嘴小坏蛋，一时之间，小狐狸菲克这四人组的绯闻飞得全校皆知。很快，班主任马老师迫于压力，召集小狐狸菲克等四人到办公室来谈谈。

　　四个孩子很委屈，他们明明只是当彼此是好朋友，不明白那些人为什么这么误会自己。

　　其实马老师也很了解这四个单纯的孩子。他是从一年级就开始带他们的，对这几个孩子也非常了解。但是不知道最近学校里为什么这么盛传这四个孩子的绯闻，为了维护学校秩序，马老师也只好防患于未然地教育一下他们，顺便强调一下男女有别，以后跟异性保持点距离。

听到老师这么说，四个孩子的眼圈都红了。他们既委屈也不舍得跟彼此划清界限。

四个孩子离开学校时手拉着手，分别时都哭了。小狐狸菲克一直哭到了家，把爸爸妈妈都吓了一跳，连忙问儿子发生了什么。于是，小狐狸菲克抽搭着把事情原委讲了一遍。

狐狸爸爸有点弄不明白，狐狸妈妈拍了一把狐狸爸爸："你呀，真是男人的思维。这明显就是有人故意使坏呗，想制造舆论压力拆散菲克他们。"

"小孩子的思维，有那么复杂么？"狐狸爸爸觉得狐狸妈妈小题大做。

"现在的孩子，早熟着呢。我小时候就经常听说某个男生和某个女生在谈恋爱，大家传得不亦乐乎，其实那俩人就因为是邻居所以一起上下学，显得关系近一些。不过，我们当时听到的谣言也没像菲克这次这么举校闻名，我觉得还是有阴谋。"

"你猜归猜，别吓着孩子。"狐狸爸爸拉过小狐狸菲克安慰道，"菲克，爸爸妈妈都相信你，咱们身正不怕影子斜。不过，你和斑斑以后还是尽量别跟阿宝和甜甜说话，这样慢慢地大家就会忘记这段传言了。"

"你这么做太极端，反而容易让大家感觉他们真的有什么事。"狐狸妈妈有

点生气，不过她是气传闲话的人，"菲克，听妈妈的，你和斑斑对阿宝和甜甜还可以跟之前一样，只是不要有太多肢体接触就行。另外呢，你也提醒其他三个宝贝，对别的异性同学也友好一些，别只是搞小团体。"

小狐狸菲克没精打采地点点头。狐狸妈妈见菲克这么颓废，让他去洗澡，早点休息。

小狐狸菲克摇摇头，他现在就是上床也睡不着。索性，他想了解一下大家为什么那么在意他们是不是谈恋爱。

狐狸妈妈感觉两性教育的机会终于来了，就拉着狐狸爸爸和小狐狸菲克来到客厅，先从容易讲述的内容讲起。

"自然界中同一物种的雄性（男性）和雌性（女性）交配后可以怀孕生子、繁衍后代，这是动植物的共性（不过，有些植物可以无性繁殖，或者它自己本身就是雌雄同体）。在大多数生物的种群内部，雌性与雄性个体的比例是 1∶1，当这个比例失衡时，多的那一方就需要通过同性竞争来获得跟异性的交配权，或者雄性会通过一些特殊手段（比如，展示自己鲜艳的羽毛，搜集好吃的食物，建造安全的巢穴等）来吸引雌性。只有成功地找到配偶，动植物们才能繁衍后代，从而把自己的基因流传下去。

在野外环境，动物们的婚配制度可以分为单配制（一夫一妻，比如，天鹅、丹顶鹤等）和多配制。多配制又分为一雄多雌制（比如，狼、海狗等）和一雌多雄制（比如，距翅水雉）。决定动物们婚配制度的，主要是食物和营巢地。

当动物们选择好了配偶，它们就会交配。雄性动物会提供出自己的精子，雌性动物会提供出自己的卵细胞，二者结合形成受精卵。受精卵在雌性动物的子宫里慢慢成长，等到成熟了，就会提醒妈妈生下自己，那么新生命就诞生了。"

小狐狸菲克听得入神。他没听过这方面的知识。以前他问过爸爸自己是从哪里来的，爸爸支支吾吾半天，好不容易才回答说"你是被一只鹳鸟叼来的"，让他更加莫名其妙。今天，妈妈讲的跟爸爸说的不一样，但菲克觉得妈妈说的才是真实的，因为这些知识充满了科学的光辉。

狐狸妈妈开始回到主题："菲克，你们还小，没有两性意识，所以男女生之间可以做很亲密无间的朋友。但是随着你们长大，就算你们还很单纯，总有同学比较早熟，他们会戴着有色眼镜来看你们。所以，妈妈希望你们以后稍微注意点，但也不用为了避免谣言就故意跟彼此形同陌路，那样你们也会很痛苦。妈妈建议你们扩大交友圈子，多拉一些朋友进来，这样也就分散了大家对你们四个的注意力了。"

小狐狸菲克点点头："谢谢妈妈。"其实他心里还是很委屈，他不懂为什么自己从来不说别人的坏话，但是会有人故意说他的坏话，而且还是编造的坏话。

狐狸妈妈看出来小狐狸菲克仍然有心事，拍拍他的肩膀："小伙子，你应该成长了。这次事件只是一件小事，以后你总会遇到更闹心的是是非非。不过呢，爸爸妈妈也是这么过来的，顶住压力，寻求成长，慢慢地你就越来越坚强、心理越来越强大了。"

小狐狸菲克仰起头，坚定地看着妈妈："妈妈，我会坚强的。"

狐狸妈妈微笑着亲亲小狐狸菲克："好孩子，妈妈爱你。妈妈还想跟你说，无论别人怎么对你，妈妈希望你不要因此失去自己的处事原则，要始终做一只善良正直的狐狸。"

小狐狸菲克点点头。妈妈说的他一时半会还消化不了，不过他会牢牢记在心里的。这一天，小狐狸菲克好像一下子成长了许多。

凶猛的大喜鹊
——种间竞争与生态位分化

妈妈的建议真管用！小狐狸菲克他们四个并没有被谣言打趴下，反而又多了更多的朋友。现在他们回家都是成群结队的，欢声笑语一片。学校里再也不传他们几个小学生的绯闻了。虽然还有碎嘴小坏蛋说其他人的闲话，不过小狐狸菲克他们从来不参与。

这天，小狐狸菲克在回家的路上，见到路边有一只小鸟似乎受了伤。菲克很好奇，因为这里并不常见小鸟。

小狐狸菲克蹲下来，关切地问："小鸟，你受伤了吗？"

小鸟没好气地说："我不叫小鸟！我有名字，叫大喜鹊！翅膀还好使，就是脚有点疼。"

"我带你回家，让我妈妈照顾你，好吗？"小狐狸菲克问。

大喜鹊挣扎了一下想站起来，可扑扇了半天翅膀，还是栽倒了。"那好吧，给你当英雄的机会。"她冲着小狐狸菲克，恶狠狠地说，"你要敢吃我，我就啄瞎你的眼睛！"

小狐狸菲克吓得一哆嗦，这大喜鹊还挺厉害。不过，他还是小心翼翼地捧起大喜鹊，慢慢走回家。一路上，大喜鹊始终僵硬着身子，好像很紧张。其实，小狐狸菲克更紧张，他怕弄痛了大喜鹊，然后被她狠狠地啄一口。

回到家，狐狸妈妈见到大喜鹊也很惊讶，问："哪里来的大喜鹊，脚还受伤了？"

大喜鹊见到狐狸妈妈，吓得要飞走，但是脚疼得不能挨地、身体也无法保持平衡，根本飞不起来。

狐狸妈妈赶紧安抚大喜鹊："别紧张，我们不吃你，这里的动物都是吃素食的。"

大喜鹊没有再挣扎，但是她斜着眼睛瞪狐狸妈妈，凶猛地说："我有什么可紧张的？我的嘴巴像刀子一样锋利，可以一下子就啄穿你们的脑壳！"

狐狸妈妈边找急救包边说："你爱说什么说什么，反正我现在要给你包扎一下。你的脚恐怕是断了。"

大喜鹊低头看了看自己的脚，试着动了动，此时语气和缓了一些："我觉得是又断了，刚才摔得有点重……"

"又断了？你的腿之前就断过？"小狐狸菲克好奇地问。

"那时我正站在文明区和复杂区的边界上，突然飞来一颗来自人类的弹珠，打断了我这条腿！"大喜鹊咬牙切齿地说，"人类真是坏透了！"

这是小狐狸菲克第一次听说"复杂区"。他之前听说过人类做的坏事，但这次是他第一次面对直接遭受人类攻击的动物，听得惊心动魄。他让大喜鹊说仔细点。

狐狸妈妈制止了："让大喜鹊休息一下吧。"她拿出一个水果筐，铺了些软乎乎的垫子，又放了一小碗小米和一小杯水，然后让小狐狸菲克把大喜鹊放进去。

狐狸妈妈温柔地说:"大喜鹊,你就在这里面休息吧。如果想吃什么可以叫我们。"

大喜鹊舒舒服服地侧躺下来:"暂时没有要求,这里挺好。"然后她就自顾自地闭目养神了。小狐狸菲克还想跟大喜鹊聊几句,但是她根本不理他。菲克讨个没趣,悻悻地走开了。

第二天,大喜鹊很早就起床,然后开始大声地"喳喳喳"叫唤,声音大得像敲破锣,吵得狐狸一家都睡不了觉。小狐狸菲克跑过来请大喜鹊小声点,大喜鹊偏着头看他,问:"昨天你不是问我人类对我做过什么吗?现在我要告诉你人类的丑恶行径!"

"可是现在才4点半,天还没亮呢!"小狐狸菲克打着哈欠,"拜托你天亮再说,好吗?"

"不!我就要现在说!我越想越生气,必须要找个人说道说道。"大喜鹊蛮横地说。

"好吧,那我陪着你,你小声点。"小狐狸菲克边说边靠着水果筐坐下。

"你给我坐直了,好好听着!我要把人类做过的坏事都说给你听!"大喜鹊拼命啄筐子,把试图睡着的小狐狸菲克摇醒。

小狐狸菲克只好端端正正地坐着,听大喜鹊义愤填膺地倾诉。刚开始,他还能配合大喜鹊点头、摇头，慢慢地，他还是睡着了。大喜鹊说得唾沫横飞，居然没发现小狐狸菲克已经睡着了。

第二天，小狐狸菲克问妈妈："妈妈，您能给我讲讲不同物种之间的竞争吗？"

"咦，你怎么想了解这方面的知识了？"狐狸妈妈好奇地问。

"我想通过了解物种间的竞争，分析一下人类跟我们动物之间究竟是什么样的关系。"小狐狸菲克天真地说。

狐狸妈妈笑了："人类跟咱们动物之间的竞争远比普通物种之间的竞争复杂。不过，妈妈可以给你讲讲物种间的竞争。在这方面有一个生态学原理，叫竞争排斥原理，就是说在一个稳定的环境里，如果有两个物种在一起，它们吃一样的食物，并且这种食物还是有限的，那么这两个物种是不能在一起生存的，它们非竞争个你死我活不可——这是因为，它们拥有着相同的生态位。好比说，两个成年人只能共同挤在一个小床上睡觉，他俩能睡得舒服吗？能不争抢起来吗？

那么，生活在一起的不同物种要怎样做才能保证自己能存活下来呢？答案是：生态位分化。还拿刚才那个例子打比方：只有一个小床，两个成年人无法共同睡在一起，那么他俩可以选择一个白天睡、一个晚上睡；或者他俩各找一个小板凳，给床加宽，然后各睡一半；或者立体式发展，造一个上下铺……动物们形成生态位分化，就是为了解决与彼此的生存冲突。

物种之间的竞争，如果是羊和兔子这种，本身它俩是不会打起来的，但是会通过争夺有限的草（资源）来竞争，那就属于利用性竞争；如果是狼和羊这种直接相互作用（狼吃羊），就是干扰性竞争。不过像羊和兔子，它们的共同天敌是狼，如果羊的数量多了，那么狼的数量也就多了，而兔子的数量就会减少（因为有更多的狼来吃它们），那么羊和兔子之间也可以说是存在似然竞争。"

"妈妈，我觉得人类跟大喜鹊之间是种间竞争关系，所以他们伤害大喜鹊。可是，人类跟大喜鹊之间不用争夺资源，又为什么会存在竞争呢？"小狐狸菲克问。

狐狸妈妈一时语塞。这时，大喜鹊醒了，又开始大吵大嚷。小狐狸菲克赶紧去看她，留下狐狸妈妈自己犯嘀咕：是啊，大喜鹊并不会干扰到人类的生存，但是人类为什么要去伤害大喜鹊呢？

大喜鹊的伤心往事
——捕食与协同进化

自从大喜鹊来到家里（她的伤现在都恢复了），小狐狸菲克觉得生活充满了惊险。他不知道大喜鹊什么时候会突然大吵大嚷，也不知道大喜鹊什么时候会突然从哪个地方窜出来吓自己一跳。有时，大喜鹊会躲在门上方，在小狐狸菲克推门进屋时猛地飞下来，开玩笑式地扇菲克几个大耳光，留下一地的碎羽毛；有时，大喜鹊会躲在垃圾桶里挑剩菜吃，所以小狐狸菲克丢垃圾一定要先仔细观察，看看垃圾桶里有没有东西在摸摸索索地动弹，否则万一把垃圾丢到大喜鹊身上就糟了——她会狠狠地抓菲克的头，不揪下来几缕狐狸毛是不解恨的。

但是呢，小狐狸菲克还是很快乐。大喜鹊会给他讲复杂区的事情，那里人与动物一起生活，很辛苦、很残酷，动物们都在人类的压迫下讨生活；大喜鹊也会给他讲自己的童年，那时候大喜鹊还只是一只很小的、又萌又软糯的小喜鹊。

"我妈妈叫我小豆子，因为我圆滚滚的，像颗泡胀了的鹰嘴豆。"大喜鹊捂着嘴笑，"我的兄弟姐妹们都没我漂亮可爱，妈妈最疼我了。"

"小豆子……"小狐狸菲克觉得好好笑。

"笑什么？"大喜鹊突然脸一变，凶恶地说，"'小豆子'可不是你能叫的，这是我妈妈送给我的爱称！"

小狐狸菲克有些惶恐，他赶紧给大喜鹊道歉："对不起，大喜鹊……不过，你为什么这么敏感我叫你'小豆子'啊？"

大喜鹊没搭理他，自顾自地说："我不仅漂亮，还健壮。我是同一窝蛋中第一个被孵出来的，也是第一个学会飞行的。"

"你好厉害！"小狐狸菲克觉得说好话，应该不会被骂吧。

"你不懂！"大喜鹊虽然没骂他，但是也很生气，"就是因为我飞得早、飞得高、飞得离家远，等我飞了一圈回到家时，发现家已经没了。"

"家没了？哪去了？"小狐狸菲克好紧张，他隐隐地感觉有可怕的事情发生了。

"我的家被人类的孩子打落了……"大喜鹊的声音突然从愤慨转为极度的痛苦，"我的弟弟妹妹们，有的嫩得还没长毛，每天只知道张着小嘴要吃的；

有的还是个圆溜溜的小蛋……他们都还没见过窝外的世界，就都……摔死了。我的妈妈……也被人类打死了……"

小狐狸菲克紧张地说不出话来。他下意识地想去安慰大喜鹊，但喉咙哽住了，说不出话来。这时，狐狸妈妈来了。她拉小狐狸菲克去别的屋："给大喜鹊一点时间。她现在需要冷静一下。"

"妈妈？人类为什

么要伤害喜鹊一家？喜鹊威胁到他们的生活了吗？"小狐狸菲克红着眼睛问。

狐狸妈妈不想说得太直白，只好说："野外的大自然有着各种各样的动物，它们都有天敌。比如说，狼是兔子的天敌（或者捕食者），兔子是草的天敌，人则是所有动物的天敌。狼和兔子之间形成了捕食和被捕食的关系，而人则跟所有动物构成了捕食和被捕食的关系。另外，狼为了抓到兔子，会不断加强自己捕食的本领；兔子为了避免被狼抓到，也会不断增强自己躲避、藏匿的本领——这就是协同进化。但是，人与动物们之间的协同进化仿佛不存在，因为人类太强大了，几乎要颠覆整个大自然的规则。

植物为了不被兔子（食草动物）吃，会进化出一些防御措施，比如，让自己很难吃、带刺、有毒什么的，这是植物的防御策略。那么动物有什么防御策略呢？比如，变色龙有保护色，可以随着环境而变化身体的颜色；刺猬可以用刺来保护自己，穿山甲则有着坚硬的鳞片包裹着背部。然而，动物们的防御措施在人类面前依然不堪一击。"

"这你都知道。"小狐狸菲克的身后突然传来大喜鹊平静的声音，"母狐狸，看不出来，你不会飞又不会下蛋，但却懂得不少。可惜你没机会跟我妈妈交流，她懂得世上所有的知识。"

"我相信你的妈妈是世上最好、也是最博学的妈妈。"狐狸妈妈真诚地说。

"那当然！"大喜鹊扭过头，吧嗒吧嗒地走了，但是眼尖的小狐狸菲克在她眼中看到一闪而过的泪花。

晚上，等大喜鹊睡了，小狐狸菲克和狐狸妈妈偷偷地去看她。大喜鹊睡得很香，爪子没有再像前几天那么紧紧地攥着，身体则很放松地躺平在垫子上。

小狐狸菲克小声问妈妈："妈妈，其实大喜鹊并不坏，为什么她的嘴那么伤人？"

"那是因为她从小受了太多的伤，尤其是心里的伤口很深很深。"狐狸妈妈伤感地说，"但是她又很骄傲，不允许别人同情她、可怜她，所以总是在武装自己，宁可主动攻击别人，也不愿被别人攻击。你跟她相处时，一定要尊重她，就算爱护她也要注意把握分寸。"

小狐狸菲克点点头，又凝神望着大喜鹊。他感觉大喜鹊经历过的伤痛远比她说出来的更多，但是他不想再追问了。他想好好照顾大喜鹊，给她一个温暖的家。他也好希望告诉人类：请尊重每一种动物，我们都是一家人。

小狐狸菲克成了小保姆
——共生

　　转眼间，大喜鹊在小狐狸菲克家已经待了1个月。她很享受这个给她带来温暖的家，虽然她嘴上还是碎碎念地批评这里不对、那里不好，但是她已经开始叫狐狸妈妈"阿妈"、叫狐狸爸爸"阿爸"了。不过她还是叫小狐狸菲克"小崽子"，并让大家叫她"大美"。狐狸一家也很喜欢大喜鹊，他们已经把她当成家里的一员了。

　　大喜鹊最喜欢欺负小狐狸菲克，她也最喜欢让菲克照顾自己。所以，小狐狸菲克放学回到家就当起了大喜鹊的小保姆，负责她的饮食起居，真是好辛苦。而且但凡小狐狸菲克做得不到位，大喜鹊还会猛啄菲克的后颈——不是很重地啄，而且大喜鹊知道菲克的后颈不怕疼。

　　大喜鹊的心已经柔软多了。

狐狸妈妈看在眼里，也很高兴。她觉得让孩子养一个宠物是一件好事，因为他能学会爱与被爱，学会照顾和付出。而且，大喜鹊也是个可怜的孩子，心又不坏，收留她也是结下一桩善缘。

一个周末的下午，狐狸爸爸坐在窗边的单人沙发上看书，暖色的阳光从背后投射过来，铺满整个房间。狐狸妈妈坐在狐狸爸爸脚边，跟小狐狸菲克下五

子棋。大喜鹊在一边蹦蹦跳跳，专给菲克添乱——要么把菲克的棋子拨乱，要么阻挠菲克落棋子。小狐狸菲克着急了就嚷嚷，大喜鹊就干脆跳到菲克的肩头冲着他耳朵大叫，弄得菲克又好气又好笑。

"这棋还怎么下啊？"小狐狸菲克撅着嘴说，"要不妈妈给我们讲故事吧。"

"我提议，阿妈讲故事吧！"大喜鹊跳到地面，期待地看着狐狸妈妈。

狐狸妈妈看了看小狐狸菲克和大喜鹊，笑着说："那我就讲讲生物之间的共生现象吧。"

"好！"大喜鹊抢先说道，同时挑衅式地看了一眼小狐狸菲克。

"如果两物种只是一方对另一方有利，那就叫偏利共生。一些寄生植物，比如菟丝子，它们自己的体内缺乏足够的叶绿素，不能自主进行光合作用，所以必须牢牢地缠在植物（寄主）身体上，从寄主体内汲取自己所需的水分和养分，而寄主植物则会逐渐枯竭死亡。

如果是你帮助我、我帮助你，那就叫互利共生。比如，花给蜜蜂提供蜜糖，顺便呢，蜜蜂也给花传粉；又比如，一些植物给动物们提供好吃的果子，动物们吃完果子后离开了这里，在另一个新环境中拉便便，顺便把种子拉出来，这就是无形中帮植物传播了种子。"

小狐狸菲克琢磨了一下妈妈讲的知识。突然，他好像反应过来，问妈妈："妈妈，您说我和大美之间是不是就是偏利共生关系？"

狐狸妈妈只是笑，不回答。

大喜鹊急了："不是偏利共生，是互利共生！我每天都会照顾你啊！我叫你起床，叫你学会照顾他人，这样万一哪天阿爸阿妈要再生个小妹妹，你将会是个特别会照顾人的丑哥哥。"

"我不想要妹妹，倒是可以要一个弟弟。"小狐狸菲克认真地说。

"为什么？"大喜鹊生气了，"妹妹多好啊，又可爱又乖巧，你可以把她当洋娃娃来打扮，可以带她去游乐场，可以……"

"因为我已经有你了啊！"小狐狸菲克开心地笑了，"你不就是我的妹妹吗？"

大喜鹊扭过脸，装作不相信地"哼"了一声。但是，她心里特别特别甜。

参加森林夏令营（上）
——群落及其种类组成

今天，马老师通知大家，学校要组织一次夏令营，地点在附近的大森林，也是文明区，所以绝对安全。同学们都好高兴，"哗"地闹起来，一时间教室天花板都快被掀翻了。

小狐狸菲克兴冲冲地跑回家，把这个好消息告诉爸爸妈妈和大喜鹊。

大喜鹊听完，命令似地说："我也要去！"

"不行，老师不会允许的。"小狐狸菲克很为难。

大喜鹊听了，有点自尊心受挫，于是不想再勉强。想了想，她换了个攻击角度，对小狐狸菲克说："你这个书包，丑死了，赶紧换一个。"

"不丑啊，就是有点小。妈妈，我想买个行李箱带着去夏令营……"小狐狸菲克对妈妈说。

大喜鹊不屑地嚷嚷："买什么行李箱，多笨重啊！买个背包就够了！"

狐狸妈妈还是给小狐狸菲克买了个漂亮又结实的行李箱，后来迫于大喜鹊的碎碎念，又给菲克买了个结实又漂亮的大背包。小狐狸菲克兴奋地往行李箱和背包里装各种东西，需要的和不需要的都往里面塞，狐狸妈妈就在一边往外拿："这不需要，别带了……这个多沉啊，别拿了……"

大喜鹊远远地看着，不说话。

出发的日子到了。这一天，大喜鹊躲在她的水果筐里，用被子蒙着头，不理小狐狸菲克。因为菲克不带她去，她还在生气。

小狐狸菲克只好拜托妈妈照顾好大喜鹊，然后上校车，出发了。

汽车在大草原上奔驰了好久，才到达边界并顺利通过。紧接着，汽车进入森林文明区的边界。又走了好久之后，汽车终于停在一座小木屋前。

接待大家的是森林文明区的一位老师——猿老师，他穿着西装，戴着眼镜，总觉得很像人类。一番介绍之后，他先请同学们在板凳上坐下，然后开始介绍森林群落。

"首先，我给大家介绍一下什么是'群落'。'群落'就是在一定时间内、一个地区聚集的各种物种的集合，比如，咱们这个森林群落就包含所有的植物、动物、土壤微生物等。

　　森林群落里数量多、投影盖度大（好比说影子大）、单位面积内的生物量高（即生物体总重量）、体积大、生活能力强的植物，可以被称为'优势种'（dominant species），也就是最占优势的物种，如果是乔木层的优势种，则可以被称为'建群种'（constructive species）。比如，咱们这个森林是以冷杉林为主的，林下有很多的毛竹在生长，那么这片森林群落的优势种就是冷杉和毛竹，而建群种则是冷杉。林下其他的植物，就是冷杉和毛竹的伴生种（companion species），也就是相伴而生的物种。

　　物种间的关系，可以用关联系数来衡量：如果两物种关联系数高而且是正值或负值，那么就说这两个物种是正关联或负关联。但是在现实中，大多数物种之间的关联度并不会很高。

　　好，我先介绍到这里。接下来，请各位同学跟着我走入森林，亲身体验这一片动植物世界。"猿老师非常强调纪律，"森林比草原环境复杂，大家可一定要跟紧了，别落队，不然很容易迷路的。"

　　"好的！"同学们齐声答应。

　　但是小孩子们真的能做到不乱跑、不乱看吗？果然，过了没多久，不知道别的同学什么情况，反正小狐狸菲克和小兔子阿宝是跟大家走散了。他俩手足无措地站在齐膝高的草丛中，望着周围高耸的大树、浓密的爬藤植物，听着此起彼伏的虫叫和鸟叫，心里开始发毛。

小兔子阿宝害怕地攥着小狐狸菲克的手，说："菲克，我好害怕。咱别继续乱走了，还是原路返回吧？"

小狐狸菲克回头看看："可是，回去的路也找不到了啊！"

小兔子阿宝哭起来："菲克，我害怕……我害怕……呜……"

小狐狸菲克正在安慰阿宝，突然感觉自己的背包在动。他放下背包，拉开拉链一看，大喜鹊正从背包最底下往外拱。

大喜鹊见到小兔子阿宝，一副很嫌弃的样子："原来就是你这个小奶兔在哭啊？娇气包！要不是被你的哭声吵醒了，我还能再睡会儿。长耳朵，你瞧你，眼睛都哭红了，更丑了！"

小兔子阿宝本来只是哭自己走丢了的事实，现在听到大喜鹊说自己丑，更加伤心，干脆放声大哭起来。

小狐狸菲克生气了："大美，你这么做我很生气。阿宝是我最好的朋友，即使你是我的小妹妹，也不能伤害她！"

大喜鹊脸色有点讪讪的，别过脸不看小狐狸菲克。但是，见小狐狸菲克不

来哄自己，她又忍不住去偷看菲克。经过一番观察，她得出结论：这只小狐狸真的很关心、很爱护这只红眼睛的兔子。

大喜鹊故意将头扬得更高，但是她心里非常失落。她之前一直以为自己是菲克最在意的朋友。

参加森林夏令营（下）
——群落的结构

大喜鹊扑扇了一下翅膀，骄傲地说："我要走了，狐狸崽，你不要找我。"然后就摆出要起飞的姿势。

小狐狸菲克赶紧过来抱住大喜鹊："大美，你是生气了？我向你道歉，对不起！"

大喜鹊拼命挣扎："放开我，我要走！我不要再和你待在一起！"

小兔子阿宝吓呆了，顾不上哭。小狐狸菲克也急得满头大汗，不知道怎么劝大喜鹊。

这时，头顶传来一个声音："让她走，我用 10 颗猕猴桃打赌，她飞不出 10 米就得回来。"说话的是一只边吃猕猴桃边看热闹的小猴子。他蹲在树杈间，笑嘻嘻地看着大家。

大喜鹊脸上有点挂不住，开口就骂："要你多嘴，你是谁？长得像人类，肯定不是好东西！"

"我是猴子，名字叫阿新。"小猴子阿新抓住一条藤，荡了一下，借势跳到小狐狸他们眼前。他笑嘻嘻地围着小狐狸菲克和大喜鹊转了几圈，又指着大喜鹊说："你要真想走，这只笨狐狸根本来不及拦你。其实你就是想闹一闹，让他来哄你吧？"

大喜鹊有些恼羞成怒，扑过去啄小猴子阿新。可阿新左躲右闪，大喜鹊根本伤不着他。小狐狸菲克和小兔子阿宝在一旁看，乐得吱吱笑。

过了一会儿，大喜鹊和小猴子阿新都闹累了，便坐下来休息。小猴子阿新虽然累，却还是闲不住，跟小狐狸菲克和小兔子阿宝各种闲聊，一会儿就对彼此知根知底了。

大喜鹊一直闷着头不吭声。可突然，她"扑啦啦"飞起来。小狐狸菲克扑了个空，眼睁睁见大喜鹊飞走了。

小猴子阿新摊了摊手："跟我没关系啊！她就一玻璃心的小姐，走就走呗。"

小狐狸菲克急得团团转："可是她不熟悉这里的环境，万一迷路了，或者遇到危险怎么办？"

小兔子阿宝也说："怎么说她也是个女孩子，你那么说她的确过分了。"

小猴子阿新满不在乎地说："我才不管男孩女孩，我就觉得每个人都应该坚强，没人有义务哄着你、宠着你。"

"这么说倒也没毛病，但是你不得不承认，爸爸妈妈是唯一无条件爱我们、宠我们的人吧？"小狐狸菲克说。

"不对！我一出生就被遗弃在这片森林里，从小就没有爸爸妈妈。你说爸爸妈妈是最爱我们的人，那为什么我的爸爸妈妈会抛弃我呢？所以说，你说的就不对！"小猴子阿新面无表情地说。

小狐狸菲克和小兔子阿宝面面相觑，不知道怎么说才好。他俩从小生活在温馨和谐的家庭里，无法想象没有爸爸妈妈怎么能生活得幸福。

小狐狸菲克犹豫了一下，把大喜鹊的经历给小猴子阿新和小兔子阿宝讲了。小兔子阿宝听得泪流满面，很心疼大喜鹊；小猴子阿新没说话，一副若有所思的样子。

好一阵，三人谁也没说话。过了会儿，小猴子阿新首先打破平静："你们说，有没有可能我不是被抛弃的，而是我的爸爸妈妈也死了？"说这番话时，他没有笑。

这个问题小狐狸菲克和小兔子阿宝可没法回答，只好应付道："有这个可能吧……因为一般来说，爸爸妈妈是不会抛弃自己的孩子的……或者说，他们有他们的难处。"说着小狐狸菲克观察着小猴子阿新的表情。

阿新脸上慢慢地多云转晴了。

"这么说，他们并没有抛弃我。"他高兴地说，"我就知道那些自作聪明的动物在胡说八道。我这么活泼机灵的孩子，爸爸妈妈怎么会嫌弃我呢？"

小狐狸菲克和小兔子阿宝看了看彼此。看来，小猴子阿新从小没少遭到别人的奚落，他一定也是吃了不少的苦头。

"心情真好！走，我带你们去找你们的老师！"小猴子阿新"哧溜"一下蹿上树，几下就爬到了树梢。他向四周张望了一下，然后招呼道："往这边走，我看到你们的大部队了！"

小狐狸菲克和小兔子阿宝手拉着手，朝着小猴子阿新指的方向艰难地前进，一边走一边四处查看有没有大喜鹊的踪影。

等终于回到大部队，粗心的猿老师居然还没发现小狐狸菲克和小兔子阿宝走丢过。他自顾自地讲解着："你们看到了吧，森林群落在垂直方向可以有很多层，比如，草本层、灌木层、乔木层等，各层之间还有一些附生植物、藤本植物、攀缘植物等，它们叫做层间植物。

森林群落在水平方向表现为镶嵌性（mosaic），也是受生态因子的不均匀分布的影响而产生的。比如，在林窗（树冠小缺口）的下方，光照很充足，这里会有比较多的喜光植物；而在林下比较阴暗郁闭的地带，喜阴植物会相对较多。"

小狐狸菲克和小兔子阿宝紧紧地挨在一起，相视一笑。回到集体里终于安全了，他们欣欣然地听着老师讲课。但是小猴子阿新不喜欢听这些，他在人群之间钻来钻去，一会儿就不见了。

猿老师带领大家朝大森林的边缘走去，边走边继续解说："两个或多个群落之间的过渡地带就是群落交错区（ecotone），又称生态交错区或生态过渡带。

一般这种地方的物种数量会明显较多、密度也明显较大，叫做边缘效应（edge effect）。"

"老师，为什么会这样呢？"有同学提问。

"这方面的原因有很多，比如，群落交错区是多种群落交叉的区域，因此也包含了多种生态要素，这些要素在一起相互作用，起到了中度干扰的作用。根据中度干扰假说（intermediate disturbance hypothesis），中等程度的干扰能维持高多样性；另一方面，群落交错区跟两边的群落比，它的空间异质性程度较高，也就是说，这里有多种多样的小生境，因此可以允许更多的物种共存。"

说话间，大家已经走到大森林边缘了，校车早就停在这里。

"同学们，我就送你们到这里了，欢迎你们再来！"猿老师与面前的几位小同学握手，又跟后排的同学挥挥手。

同学们纷纷向猿老师、向这片大森林挥手告别，然后各自上车。

小狐狸菲克踮起脚尖，从人群的缝隙间朝大森林望去，他想找到小猴子阿新的身影，然后叫住他、跟他说再见，更想看到大喜鹊、呼唤她回来。但是直到发车了，大喜鹊和小猴子阿新都没有再出现。小狐狸菲克失落地倚靠着小兔子阿宝，他感觉他失去了两位重要的朋友。

神奇的峡谷
——群落的演替

在返回大草原的车上，小狐狸菲克听其他同学在议论纷纷。原来大家都以为大森林夏令营会持续好几天，没想到半天就结束了，而且连午饭都没安排，所以很多同学很是扫兴。

过了一会儿，意识到了同学们的不满，马老师给大家解释：刚才在大家组织夏令营的区域有一起突发事件，学校怕影响到同学们的安危，就通知夏令营老师提前返回了。

小狐狸菲克很紧张，那起突发事件会不会跟人类有关？会不会跟大喜鹊或者小猴子阿新有关？万一大喜鹊生气了，做点损人不利己的事呢？

小兔子阿宝感觉到了小狐狸菲克的紧张，料想菲克是在担心大喜鹊，于是就开导他："菲克，你不用担心，大喜鹊虽然比较任性，但也只是嘴上不饶人。

她应该不会做坏事的。"。

"希望如此。"小狐狸菲克怅然地望着窗外，他希望突然有个熟悉的身影飞入自己的视野。

校车继续在路上奔驰，时不时被凹凸不平的地面颠得飞起来。路边的风景迅速地向后倒，逐渐被拉长成一道模糊的长带……小狐狸菲克慢慢睡着了。等他被马老师的声音惊醒时，不知道已经睡了多久。

"同学们快看，这是一座神奇的峡谷！"马老师指着窗外这座五颜六色的峡谷，叫醒昏昏欲睡的同学们。小动物们赶紧纷纷朝车窗一侧看，另一侧的小动物们也挤过来看。

这座峡谷十分特别，它的山体有好几种颜色，每种颜色都好像从山顶到山底拉开的一条长长的带子，这些带子里的植物看上去也不一样。

"这是一座包含了植物群落不同演替阶段的神奇峡谷。它每隔一段时间就会发生一次从山顶到山底的自然干扰，破坏原生植被，而后此处区域就会发生植物群落的自我恢复。如此，这座峡谷就在其不同部位呈现出不同演替阶段的植物群落了。"马老师解释道。

"老师，什么是'演替'？"一个同学提问。

　　"植物群落会不断地发展变化，从低级、简单的阶段发展到高级、复杂的阶段，一个阶段连着一个阶段，一个群落代替另一个群落。这样的自然演变现象叫演替（succession）。

　　比如，从淡水湖泊中开始的水生演替，一般是：自由漂浮植物（如浮藻）阶段→沉水植物（如金鱼藻）阶段→浮叶根生植物（如莲）阶段→直立水生（如芦苇）阶段→湿生草本植物（如禾本科植物）阶段→灌木阶段→木本植物（森林）。

　　又比如，在岩石表面或砂地上开始的旱生演替，那就是：地衣植物群落阶段→苔藓植物群落阶段→草本植物群落阶段→灌木群落阶段→乔木群落阶段。

　　大家仔细看，就能看出来，灰白色的是地衣植物群落阶段，浅绿色、很薄的是苔藓植物群落阶段，颜色再深一点的、高度再高一点的是草本植物群落阶段，青黄相间、高度更高一些的就是灌木群落阶段，最绿、最高的则是乔木群落阶段。"马老师一边说一边指点，激动得唾沫横飞，前排同学只好拿东西挡住脸。

　　"这座峡谷最神奇的就在于，它始终能保持旱生演替系列的全过程，因为它定期就会有一次干扰活动，制造出新的次生裸地。次生裸地就是指原有的植被不存在了，但原有植被下的土壤条件基本保留，甚至有种子或其他繁殖体留

存的地面。"马老师说。

　　小狐狸菲克和大家一起观看着，心中充满了对大自然的崇拜。

　　校车很快就驶过大峡谷，于是车窗外的风景又开始催眠大家。小狐狸菲克却再也睡不着了，他在想大自然的神奇，憧憬着长大后能环游世界。

最好的生日礼物
——生态系统及其组分

转眼，小狐狸菲克 15 岁了。这次生日，他不想邀请太多同学，仅仅是小兔子阿宝、小黄鼠甜甜、小鹿斑斑就够了。

生日这天一大早，狐狸妈妈搂住小狐狸菲克，亲了亲他的额头，然后递给他一份礼物："快点拆开，你会喜欢的。"

会是一只小宠物吗？小狐狸菲克心里咚咚跳，三下两下拆开包装，打开盒子。

原来是一只透明的罐子，里面有水有泥土，有石子儿有植物，最奇妙的是，瓶口是封死的。狐狸妈妈说，这是一个生态瓶，瓶子里就是在模拟一个最简单的生态系统。

"什么是生态系统？"小狐狸菲克问。

"生态系统 (ecosystem) 就是一定空间里，所有生物与环境形成的统一整体。

它包括非生物环境、生产者、消费者和分解者四类。

　　非生物环境包括碳、氮、二氧化碳、氧气等各种无机元素和化合物，蛋白质、糖类、腐殖质等有机物质和其他物理条件（如温度、水分等）。

　　生产者一般就是指植物，它们会直接吸收无机物。

　　消费者则主要是动物，既可以是食草动物，也可以是食肉动物。

　　分解者则指可以把动植物分解成植物的食物（可以吸收的化合物）的生物。

　　那么我们就可以发现，植物吸收水分、养分，食草动物吃植物，食肉动物吃食草动物，这种食肉动物又吃另一种食肉动物……如此的关系，就好像一个关系的链条，这就叫'食物链'。更复杂的关系还会像一张网，这就叫'食物网'。顺着食物链或食物网，能量从自然界流入生产者，再逐级减少。能量流动的顺序是不能反向的。"

小狐狸菲克正看着生态瓶发呆，觉得大自然无比奇妙。突然，窗外传来敲玻璃的声音。定睛一看，小狐狸菲克惊喜地发现原来是大喜鹊。她不仅自己回来了，还带回来一个小男朋友。

好几个月没见，大喜鹊还是那么桀骜不驯："这是我对象，阿布，有点傻不拉叽反应慢，但不招我烦。以后我俩就住你家外面的树上。平时别锁窗，我们渴了还能回来喝水！"她看了看周围的布置，"呦，小狐狸崽，今天是你生日？我可没带礼物噢，我……"

小狐狸菲克眼泪汪汪地紧紧抱住大喜鹊："大美，谢谢你回来，你回来就是送我的最好的礼物！"

大喜鹊没有挣扎，但是嘴里一直叫唤："哎哟，轻点，勒死我了，你个笨狐狸……这么久没见，你肯定想死我了吧？"

大喜鹊归来
——水循环和碳循环

自从大喜鹊回来后，小狐狸菲克家又热闹了，甚至比以前更热闹，因为每天不再是被大喜鹊直接叫醒，而是被大喜鹊训斥她对象阿布的声音吵醒。大喜鹊声音尖、语调快，喜鹊阿布不大说话，基本就是默默挨训的常态。

有了喜鹊阿布，大喜鹊不再老缠着小狐狸菲克，但是小狐狸菲克还是很想知道这几个月大喜鹊究竟去哪里了，只是总没机会问。

有一天，大喜鹊在她自己家里训她对象阿布，见到来了个邮递员往狐狸家的邮筒里塞信，赶紧叼来给狐狸妈妈。

小狐狸菲克抢过来看。这是他第一次收到信。信封上写着很多字，画着一片大海和一只漂流瓶。

"这是大海，我见过。"大喜鹊淡淡地说，"前几个月我去过一次大海。"

"对了，大美，前几个月你究竟去哪了？"小狐狸菲克问，"我一直都想问你，就是没逮到机会。"

"我去旅游了，到处看看。"大喜鹊平静地说，"我离开你们后，就飞出大森林，然后一直朝西飞，我想去看看夕阳。"

"你不用往西飞也能看到夕阳。等到傍晚，不论你在哪里，只要往西看都能看到夕阳。"小狐狸菲克说。

大喜鹊没理菲克，继续说："我总觉得，朝西飞能看到更新鲜、更清楚的夕阳。但后来没多久，我就渴了、饿了。于是，我开始沿着河流飞，这样飞累了随时可以停下来喝口水、吃点小鱼。顺着河，我最终来到了海边，看到了好漂亮的世界！"她很陶醉地说，"大海湛蓝而广阔，整片海面都波光粼粼的，像是覆盖了一层亮闪闪的蓝色小光点。

这是我第一次见大海，我都看呆了。但是看久了，我发现那些蓝色小光点是可以移动的。它们有些像气球一样忽忽悠悠地升到云层之中，随着云朵飘移……然后又开始分组——有的落回海洋，有的掉落到大陆并进入河流或者进入土壤……

当我在大陆上仔细观察时，我发现其实这里也有很多那样的蓝色小光点。

它们有的藏在植物里，有的在河水里，有的在地下暗暗地闪烁……不过最终，它们也会升入云层、汇入大海或者从地下移向远方……"

"大美说的是水循环过程吧？"狐狸妈妈笑着补充，"其实，大自然还有碳循环、氮循环、磷循环、硫循环等很多元素的全球生物地球化学循环。其中，碳是构成生物有机体的最重要的元素，因此也是自然界最重要的物质之一。

碳循环主要有三个过程：一是植物白天凭借光合作用，从大气中吸收二氧化碳，固定在体内，晚上又通过呼吸作用来释放部分二氧化碳；二是海洋里有很多水生植物，大气和海洋之间会有巨量的二氧化碳的交换，所以海洋是一个很大的碳库；三是海洋中碳酸盐的沉淀过程。不过，大美能看到水分子的运动，真是幸福！"狐狸妈妈慈爱地说。

"这么奇幻的场景，我怎么从来没看到？"小狐狸菲克好奇地问。

"你当然看不到这些，但是那只娇气包兔子掉几根毛你都能看得清清楚楚。"大喜鹊瞥了一眼小狐狸菲克，转身离开，"信，你自己看吧，别指望我给你读。"

小狐狸菲克这才想起信的事，于是拿去给妈妈。狐狸妈妈给大家念：

亲爱的麦克斯、爱蜜莉，软糯的小菲克：

你们好吗？爱丽丝（狐狸奶奶的名字）和我的身体都还好，就是太想大家。小菲克都15岁了，我俩还没见过他，实在是太可恶了。爱丽丝和我无数次都想坐进漂流瓶里漂洋过海来见你们，但是一直都没找到合适尺寸的瓶子。爱丽丝的身材，你们是知道的。

谢天谢地，封了十几年的禁终于解除了，这是刚得到的消息。爱丽丝和我一确认了消息就计划着来看你们，但不知道该买到哪里的机票，因为据说全世界的大草原有成千上万个，我们怕一不留神就坐到野生区了。

　　速回信，我们真的很期待早日见到你们。

爱你们的爷爷

　　信是半年前寄出的，不知在寄到这之前辗转过多少地方。

　　狐狸爸爸和狐狸妈妈都很兴奋，爷爷奶奶可以来帮忙照顾菲克了，那么他俩不就可以到处旅游了吗？

　　小狐狸菲克有点懵懂，因为他没见过爷爷奶奶。

　　狐狸爷爷和狐狸奶奶住在人和动物混住的复杂区，而这里是只有动物生存的文明区，两个世界的动物（包括人）通常不能往来。当初狐狸爸爸是因为学习特别出色，作为交换生被送到这边来学习的。后来，狐狸爸爸认识了狐狸妈妈爱蜜莉并找了工作，于是在这里定居下来。再之后，狐狸爸爸和狐狸妈妈赶上了复杂区与文明区之间的大封锁，于是连着十几年再也没回去……

　　小狐狸菲克对人和动物混住的复杂区很好奇，缠着爸爸让他多说一些。

　　狐狸爸爸回忆了一下，然后说："既然你问起复杂区，我干脆给你讲讲地球上的三大区吧。

地球被划分为文明区、野生区和复杂区。文明区跟野生区都没有人类踏足，但是文明区的动物都吃素，野生区的动物保留了所有的野性；复杂区是人类与动物混住的区域，人类偶尔会捕食动物，动物偶尔也会袭击人类。

三大区的动物在工作内容方面也有一些差异。在人类的影响下，复杂区比文明区科技更先进、产业更丰富、文化更超前、生活更多彩，因此那里的动物从事高、精、尖工作的比例也比其他两区高很多；但是野生区和文明区最大的优势就是简单、生态，文明区还非常和谐，所有动物都能和平共处。"

"爸爸，您从小在复杂区长大，那您认为是在复杂区生活更好还是在文明区生活更好呢？"小狐狸菲克问。

"如果是论生活的平静安逸，是这里最好了；但是如果想追求更广博的知识、更好地理解这个世界，应该去复杂区留学。"狐狸爸爸若有所思地说，"其实爸爸这段时间所做的工作就是为将来去复杂区工作做铺垫，只是时机尚未成熟，就没给你说。"

"妈妈知道吗？您会带我们一起走吗？"小狐狸菲克很紧张地问。他有种要被抛弃的感觉。

"傻孩子，咱们是一家人，当然一起走了。不过这么一走，恐怕这辈子就不会回来了。"狐狸爸爸伤感地说。

小狐狸菲克呆住了。

名副其实的"复杂"区
——陆地生态系统的主要类型及分布特征

    过了几周，狐狸爷爷和狐狸奶奶来了。他们带来了很多精美的小零食，都是小狐狸菲克没见过的。但是狐狸爸爸把零食收起来，笑着解释：小狐狸菲克和狐狸妈妈都没吃过，不会喜欢吃的。

    另外，狐狸爷爷的来意并不如信里所说的那么简单。他带来了好几位本家的叔叔，此行的主要目的是帮狐狸爸爸一家办理去复杂区工作或学习的各种手续。

    这两周，小狐狸菲克过得很艰难，因为时机尚未成熟，他还不能告诉他的好朋友们他要永远离开，更不能让大家发现自己的情绪不对。尤其，他需要防着小兔子阿宝，她是一个很会察言观色、很敏感的女孩，她尤其能发现小狐狸菲克一丁点的表情变化。不过，小狐狸菲克成功地瞒过了大家，居然没让任何人发现自己心里沉重的悲伤。

有一天，小狐狸菲克发现狐狸妈妈其实也并不想去复杂区——她毕竟是在文明区出生的，从没真正接触过人类，也深深地惧怕跟人类在一起生活。小狐狸菲克撞见狐狸妈妈跟狐狸爸爸倾诉自己不想去复杂区的心情，但是狐狸爸爸只是低着头、一言不发。小狐狸菲克怀着希望等了半天，最后还是失望地走开了。因为狐狸爸爸觉得自己的事业是一件无比重要的事。

狐狸爷爷和狐狸奶奶都很喜欢小狐狸菲克，经常抱着他亲了又亲，还给他讲复杂区的风土人情。

据他俩说，复杂区幅员辽阔，几乎占据了地球 50% 的陆地面积。在复杂区，从低纬度区域到高纬度区域，植被的分布范围像一条条带子，比如，在北半球分别呈现热带雨林、亚热带常绿阔叶林、温带夏绿阔叶林、寒温带针叶林、寒带冻原等。

植被这样的分布属于纬向地带性分布，主要受热量和水分的影响。山脉植被的垂直地带性分布与之相似，只不过是随着海拔的升高，植被一层层地呈现带状分布。如果是植被从沿海向内陆更替，那就属于经向地带性分布，这主要受水分的影响。

狐狸爷爷是一位地理学家，据说他考察过各种陆地生态系统。经他描述，热带雨林是耐阴、喜雨、喜高温的乔木植物群落，动植物种类极其丰富；群落结构很复杂，藤本植物、附生植物很多，寄生植物也很多；有些植物能在茎上开花；而且这里的植物常年都生长发育，因为在始终很湿热的环境下，植物们不用休眠。

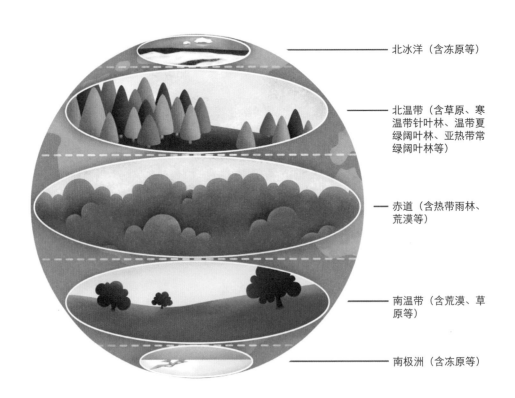

北冰洋（含冻原等）

北温带（含草原、寒温带针叶林、温带夏绿阔叶林、亚热带常绿阔叶林等）

赤道（含热带雨林、荒漠等）

南温带（含荒漠、草原等）

南极洲（含冻原等）

亚热带常绿阔叶林里也不会有明显的四季交替，建群种和优势种的叶子都相当大、甚至能反射光线；藤本植物和附生植物种类少、数量也不多。

温带夏绿阔叶林所在地区四季分明，夏季炎热多雨，冬季寒冷，降水多在夏季；林内的植物是以夏季长叶、冬季落叶的乔木为主；群落结构明显分为乔木层、灌木层和草本层。

寒温带针叶林，也就是北方针叶林（泰加林，taiga），所在区域夏季温凉，冬季严寒，降水多在夏季；树种通常为云杉属（*Picea*）、冷杉属（*Abies*）、松属（*Pinus*）或落叶松属（*Larix*）的植物；群落结构十分简单，仅分为乔木层、灌木层、草本层和苔藓层四层；

草原，以耐寒的旱生多年生草本植物为主，既有一年生草本植物，也有多年生草本植物；季相变化也很明显，植物在旱季生长很慢，而在雨季则可以旺盛地生长、发育和结果。

荒漠的夏季炎热干燥，全年降水都很少，多大风和尘暴，土壤非常贫瘠；这里植被很稀疏，种类也很少，但非常耐旱。

寒带冻原（苔原，tundra）的生态条件更恶劣。这里冬季漫长而寒冷，夏季短促而凉爽；植被种类、群落结构都很简单，很多植物可以耐寒且是多年生。

……

　　小狐狸菲克喜欢听爷爷奶奶讲故事，但是不喜欢他们要带自己一家去一个陌生的地方，所以他打心眼里并不喜欢爷爷奶奶。但是，他又觉得爷爷奶奶对自己很好，如果自己不思感恩好像有点不像话……小狐狸菲克心里矛盾极了。

　　一天晚上，小狐狸菲克听狐狸奶奶在跟狐狸妈妈说话，才明白自己一家为什么一定要去复杂区。

　　狐狸奶奶说："爱蜜莉，我知道你没去过复杂区，心里有种抵触情绪。我向你保证，你要是待得不开心，随时可以带菲克回来。不过，麦克斯的事业真的需要你做很大的牺牲。他既然要升为世界生态总会的秘书长了，怎么能只待在文明区而不去总部办公呢？"

　　狐狸妈妈低着头不说话，就像之前的狐狸爸爸。

复杂区的可怕环境
——环境问题

　　狐狸爸爸的工作手续尚未办好，但因为工作需要，就先去了复杂区一段时间，留下狐狸妈妈和小狐狸菲克慢慢处理后续手续和准备搬家。

　　狐狸妈妈已经把出售房子的消息挂到网上了，因此他们要搬家的事一下子人尽皆知。小兔子阿宝他们第一时间来"质问"小狐狸菲克为什么不提前告诉大家。小狐狸菲克不敢看大家，仿佛自己的离开是一种深深的背叛。

　　大喜鹊和小黄鼠甜甜你一言我一语地批评小狐狸菲克这么做太自私，不考虑他人的感受，说着说着俩人却吵了起来。

　　小鹿斑斑陪小狐狸菲克站在一起，搂着他的肩膀。斑斑理解哥们儿的心情，此时也不想多说。

　　小兔子阿宝的眼睛看不出来是哭红的还是本身就那么红，反正眼睛附近的毛没有干的，但她也没有说太多话，因为一开口就哽咽，反而招来大喜鹊的冷嘲热讽。

小狐狸菲克只是低低地说了句"对不起大家"，然后就低头看着脚尖不说话了。

昔日总是散发着无穷欢乐的小团体，今日却满是尴尬、困窘的氛围。虽然大家谁都没提，但是心里都隐隐地感觉到：小团体要解散了。

接下来几天，这几个孩子有机会就凑在一起，拉着手，说些以前发生的快乐事情，像是几位老人想不起最近的生活、只能靠回忆过去来打发时间。小狐狸菲克主要听，小兔子阿宝他们主要讲，他们时不时还要补充一句："菲克，这些你都要牢牢地记得啊！"

其实，就算他们不讲，小狐狸菲克也会这么做的。在他心里，他们是他一辈子最早认识、也会是在心里牵挂时间最长的朋友。

狐狸爸爸去复杂区办完事就回来了。他明显心事重重，脸色比离开家时更加阴郁。

狐狸妈妈问他发生了什么，狐狸爸爸叹口气说："你知道复杂区的生态环境现在是什么状况吗？咱们在这里顶多感觉到全球变暖的一些表现，但是在那

里，除了有温室效应，还萦绕着臭氧层破坏、空气污染、水污染、固体废弃物污染、噪声污染、光污染等一系列严重的环境问题。世界生态总会之所以要在文明区招揽一些科学家去任职，就是希望我们能传递更多'协调''绿色''共享'

的思想到世界一些顶尖机构中去，让政府层和学术层都能充分重视人类与动物、环境和谐共生的必要性。

我在复杂区待了那么多天，去了不少地方，抬头从来看不到蓝天白云，吸入的空气总能让我肺部发痛；那里的水也不甜，植物总是灰蒙蒙的，很多地方的河流湖泊都缩小了很大面积……

复杂区很多地方都竖着高高的烟囱，直冲云霄，把大量黑色、黄色、咖啡色的烟雾排入大气层，随风吹向周边区域；由于多地过度开采矿石燃料，山秃了、地塌了、水也干了，动植物无法生存，当地的人类居民也只能选择搬家或者无奈地留在当地，活一天算一天；我小时候了解到的沙漠面积，如今已经扩大了很多倍，一些曾经很漂亮的繁华城市如今也已被深深地埋在沙堆之中了……

虽然那里生态环境很恶劣，人类的数量却始终呈指数型增长，野生动植物的数量则不断减少，因为人类捕食动物、采挖植物太频繁了，生物多样性始终在下降。虽然人类也会饲养动物，但由于厂房面积过小和养殖密度过大的影响，很容易爆发大规模传染病，有时即使大量使用抗生素等药物都无济于事。另外，由于各地动植物资源紧缺，他们不得不试点推行咱们这里的素食，为将来全面素食做准备——不过他们的素食是改良的，会加入一些添加剂，模拟出肉的香味以吸引无肉不欢的居民。"

"那么，他们需要你去做什么呢？"狐狸妈妈听到这些，更加不想去复杂区了，"麦克斯，我真不想去。况且咱们的菲克还这么小，你也不想让他进入到那么恶劣的环境吧？"

狐狸爸爸深呼吸了一下，说："就是因为那里环境不好，我们才要去给大家宣传生态保护的重要性啊！咱们怕菲克受到影响，但想想看，那里也有很多小孩子，从小都是在那种环境中长大的，他们多希望能像咱们现在这样幸福地生活啊！"

这个话题太沉重了，牵扯了太多的道德、责任、担当。狐狸妈妈还想说什么，张了张嘴，最终还是没有说出来。

大草原迎来了第一批人类
——生态农业

又过了一周，大草原迎来了一批陌生的客人，是一群人类。这里的动物大多没见过人类，纷纷好奇地出来围观。人类穿着很考究，西装笔挺，模样斯文而优雅，并不像传说中的那么凶神恶煞。

据狐狸爸爸说，这是世界生态总会派来的考察组，此行的主要目的是调研大草原的生态环境，顺便跟这里的科学家和政府官员交流一下生态农业技术。复杂区因为人口压力大，特别重视生态农业等方面的科学研究，因此取得了很多先进的成果。

生态农业指的是在农业的生产过程中，遵循生态学、生态经济学等原理，进行集约经营管理。它强调利用太阳能、生物质能等可再生能源，充分循环利用废弃物，因地制宜地利用自然资源，提高农业生产力，获得更多农产品，实现持续发展。

生态农业有一些很典型的类型，比如，立体式种养殖类型，物质循环利用类型，生物相克避害类型，生态环境综合整治类型，资源开发利用类型，区域整体规划类型。

拿立体式种养殖类型为例，就是讲究分多层次来养殖：最上层是蜂桶，中间是鸡舍，下层是猪圈，最下层是蚯蚓池。这样，上层动物产生的废渣可以作为下层动物的饲料，实现废弃物充分利用。

再比如，生物相克避害类型，就是利用生物之间的相互竞争、相互制约以及食物链关系，适当引入有害生物的天敌种群以降低害虫、病菌的危害，降低农作物的经济损失——比如，七星瓢虫可以捕食蚜虫，鸡可以捕食棉田中的害虫，有益细菌制剂可以杀灭害虫等。

狐狸爸爸还说，人类的科技水平的先进程度是我们难以想象的，只可惜他们的有些科技发展以牺牲生态环境为代价。

小狐狸菲克和朋友们也围观着人类，并得出结论：其实人类就是比猴子少条尾巴、少些体毛，其他也没什么特别之处。小狐狸菲克还想起了小猴子阿新，不知道阿新在大森林过得怎么样。

人类来了这里，对这里的食物、风光、生活节奏都赞不绝口。他们大力推广他们的生态农业技术，但是绝口不提复杂区的恶劣环境。

这里的动物除了狐狸爸爸，没有多少动物真的了解复杂区的状况，因此对来访的人类充满了敬畏。只有狐狸爸爸有些忧心忡忡，担心人类是来这里踩点的，目的是以后入侵这片净土。他越想越可怕，终于忍不住去找了大草原的斑马市长。

奇怪的是，狐狸爸爸回家后，一扫往日的愁容满面，不仅挺高兴，还哼着歌。

狐狸妈妈问他发生了什么。

狐狸爸爸回答："我一直很担心人类不是单纯地要输入人才资源、改善复杂区的生态环境，而是想乘机开拓人类分布区，入侵野生区和文明区。为此，我特地去找了斑马市长，说了我的忧虑……"

"市长怎么说？"狐狸妈妈急切地打断他。

"市长说，据他了解的情况，人类下一步是想统一三大区，但是会划分区域功能定位。到时，野生区和文明区都会成为保留区，也就是保护区，作为人类的生态学研究基地——人类会派生态学家来这里研究考察，但是不会干涉这两个区自有的任何规则。至于复杂区，人类需要在世界生态总会注入来自文明区的知识力量，推动世界生态共荣。人类为了表现出诚意和决心，已经在这些方面提案立法了。"

"真的管用吗？"狐狸妈妈有点将信将疑。

"信任是合作的基石，我们如果不信任人类，那么我们和人类就没法开展全面合作。况且，复杂区造成的气候变化是全球性的，只是暂时没有波及其他两区，如果我们不和人类同舟共济，迟早也会被殃及的。"狐狸爸爸很乐观。

"那么，咱们还是得去复杂区吗？我还是很怕……如果遇到穿着狐狸皮的人类，我肯定会当场吓晕过去……"狐狸妈妈哭丧着脸说。她一直不敢说出来的话，今天终于说出口了。

"你放心，现在复杂区也在逐步禁止使用动物皮草。复杂区为了实现人类和动物的和谐共处，在很多方面都提出了整改。"狐狸爸爸说，"咱们在前往复杂区的同时，复杂区的人类和动物也会来文明区和野生区。未来，世界三大区将会达到前所未有的高度融合。"

"但是……"狐狸妈妈还是不放心。

"爱蜜莉，我很需要你和菲克陪同我在复杂区生活一段时间。我向你保证，只要你和菲克生活得不愉快，我就申请调回文明区。"狐狸爸爸握住狐狸妈妈的手，真诚地说，"请你给我一个机会，我想验证一下信任人类是不是值得。"

狐狸妈妈的眼眶有些红了，轻轻地说："麦克斯，我只想说，我爱你……比你能想象到的还爱你……"

狐狸爸爸亲了亲狐狸妈妈的额头，眼圈也红了。

大草原第一位人类市长
——生态系统管理

小狐狸菲克一家终于办好所有的手续，坐上飞往复杂区文化中心季米尼市的飞机，离开了这片大草原。

小兔子阿宝、小鹿斑斑、小黄鼠甜甜、大喜鹊他们都很舍不得小狐狸菲克，但是也无可奈何——生活中总有些人是不能永远陪在我们身边的，那我们能做到的，只能是好好珍惜大家在一起的时光，同时永远留存住那一份宝贵的回忆……

不久后，大草原迎来了第一位人类市长。他很博学、懂得多国的语言，也很幽默。他说自己姓熊，所以他跟大自然其实也是很有缘分的。

熊市长上任后非常重视孩子们的学习，特地成立了一个奖学金，鼓励更多的孩子去复杂区留学。小兔子阿宝就是第一批被资助的学生，她选择了小狐狸菲克所在城市的最好的高中。

小鹿斑斑和小黄鼠甜甜还是好朋友，但是他们已经很少跟大喜鹊在一起了，因为性格不合、没有共同语言。以前大家凑在一起，是因为有小狐狸菲克作为大家的黏合剂，可是毕竟菲克已经走了。

后来，大喜鹊也搬走了，走的时候带走了小狐狸菲克家旧邮筒上的一块木条，说留个纪念。她的对象阿布一直陪着她，现在他已经很少挨骂了。

时间就在你想念我我想念你、你有你的生活我有我的生活的过程中慢慢流逝了，不过，大家这份简单但纯粹的友情仍能在岁月之河中越洗越亮。往返异地的信件如辛勤的蜜蜂一般，一直忙忙碌碌，从不间断……就这么过了许多年。一天，小鹿斑斑又收到小兔子阿宝的一封信。信中，阿宝说自己如愿地跟小狐狸菲克在同一所大学里读生态学学士学位，她觉得菲克的研究做得特别好，特地给小鹿斑斑寄来了一份 ppt 讲义，跟斑斑分享。

生态系统管理（ecosystem management）是生态系统和管理这两个重要概

念的集合，指具有明确的可适应的目标，通过政策、协议和实践活动对生态系统进行管理，使得生态系统的组分、结构和功能保持良性循环。

生态系统管理强调人类地位的双重性，承认人类是生态系统组成中的一部分。在实行生态系统管理的过程中，人类对生态系统有管理行为，人类自己也必须接受生态系统的管理，因此人类活动的各项发展都必须注意人类与自然的协调发展。

……

小狐狸菲克还引用了一本生态学名著中的一句话：不仅人类是造成生态系统持续力降低的最重要原因，而且也是达到可持续管理目标所不可少的、生态系统的一个组成成分。人类对于生态系统的影响到处都在。我们不仅应该尽量减低负面影响，而且，在当前人口和资源需求不断增加的情况下，需要更加强有力的、明智的科学管理。我们认为，作为生态系统一个组分的人类，必然是决定生态系统未来面貌的主人。

在这份 ppt 讲义的末尾，小狐狸菲克尊敬地向那本书——《基础生态学》（高等教育出版社，2007 年第二版）的所有编者致敬。

看着看着，小鹿斑斑仿佛又回到了童年的时光。那时候，他和小狐狸菲克、小兔子阿宝、小黄鼠甜甜是形影不离的好朋友。小狐狸菲克的爸爸妈妈对生态学颇有研究，经常给菲克讲生态学知识，菲克也会讲给好朋友们听。

小鹿斑斑抬起头，望着东方的天空。那片天空，好像真的蓝了很多。

写在最后

　　这本书的专业知识都来自我本科学习生态学时使用的第一本专业课教材——《基础生态学》（高等教育出版社，2007年第二版）。在此，请允许我向这本书的各位编者老师——牛翠娟，娄安如，孙儒泳，李庆芬致敬：谢谢你们编制了这么科学、详尽的一本书，带领我走进了生态学的世界。

　　生态学贯穿了我本—硕—博的学习生涯，但最终我还是投入到一份与生态学无太大关系的工作中。一天，我突发奇想要写这本书，并且当我写完这本书时，我好像才第一次感悟到生态学的现实意义——其实，生态学的功能是"渗透"：它要把自己渗透到各个学科之中、尤其是跟人与自然相关的学科之中，传递一份"可持续发展"的理念；并且，生态学的知识可以应用在生活中的很多方面。相信您看完了这本书，也能感觉到这一点吧。